KB013136

휘게 육아

스칸디대디의 사계절

휘게육아

hygge parenting

스칸디대디의 사계절

마쿠스 번슨

스칸디대디

세 아이의 아빠

요리사

기자

한국 생활 4년차

Markus Bernsen

이정민

한국의 워킹맘

두 아이의 엄마

작가

교육가

북유럽 문화원 공동대표

차 례

3 가을 SCANDI DADDY'S FALL

4 겨울 SCANDI DADDY'S WINTER

PROLOGUE

스칸디대디의 시대가 온다!

Markus

어떤 이들은 덴마크가 세상에서 가장 행복한 나라라고 한다. 그것이 진실인지 아닌지, 덴마크인인 나로서는 솔직히 잘 모르겠지만 확실한 것은 스칸디나비아[1] 사람들이 모든 것에 대한 해답을 가진 것은 아니라는 사실이다. 인생의 대부분을 덴마크에서 살아온 사람으로서 말하건대, 덴마크 사람들도 엄청나게 많은 문제들을 안고 살아간다. 하지만 북유럽의 사람들이 이루어놓은 한 가지 보물과 같은 것이 있다면, 그건 바로 '일과 삶의 균형'이다. 특히 '자녀와 얼마나 많은 시간을 보낼 수 있는가'와 '그 시간을 아빠와 엄마가 어떻게 균형적으로 보내줄 수 있는가'에 대한 것은 주목할 가치가 있다.

덴마크, 스웨덴, 노르웨이 등에서 많은 아빠들은 아기가 태어났을 때, 아기와 평생 지속될 유대감을 위해 두 번 고민하지 않고 바로 육아휴가를 낸다. 이것은 아빠와 아기가 함께 시간을 보낼 수 있도록

1 북유럽 5개국(덴마크, 스웨덴, 노르웨이, 아이슬란드, 핀란드)을 의미하는 경우도 있지만, 대개 북유럽 3개국, 즉 덴마크, 스웨덴, 노르웨이를 가리킨다.

국가 복지 시스템이 고용주들을 은근히 압박하며 도와주기 때문에 가능한 일이기도 하다. 만약 당신이 덴마크의 공공기관에서 일하고 갓 태어난 아기가 있다면, 임금은 그대로 받으면서 1년 안에 2개월의 육아휴직을 쓸 수 있고, 스웨덴의 경우에는 이보다 더 많은 시간을 육아휴직으로 쓸 수 있다.

덴마크의 수도인 코펜하겐에 있는 나의 친구들 대부분은 규칙적으로 아이들을 유치원이나 학교에서 데려오는 일을 맡아서 하고 있다. 모두 풀타임으로 일을 하지만, 아이를 둔 아빠가 일주일에 한두 번 일찍 퇴근하지 않으면 동료들이 다들 이상하게 생각하는 분위기다. 대개 엄마와 아빠가 교대로 아이들과 함께 있는 시간을 만들고, 일주일 중 며칠은 회사에서 3~4시 정도에 퇴근해 아이를 픽업하는 날을 정한다. 물론 모두가 그렇게 할 수 있는 직업을 가진 것은 아니니 어떤 직장은 그런 스케줄이 도저히 어렵기도 해서 어떤 아빠들은 하는 수 없이 계속 일을 하는 쪽을 택하기도 한다.

평균적으로 볼 때 덴마크의 여자들이 남자들보다 적은 시간을 일하기는 하지만, 다른 나라들과 비교하면 사회적인 남녀평등은 놀랄 만한 수준이다. 그리고 아빠가 엄마만큼, 혹은 그 이상으로 양육에 참여하고 역할을 감당하는 것은 다른 나라들과 비교해봐도 월등히 높아 이제는 거의 사회적 표준이 되다시피 했다. 그리고 이러한 현상은 '스칸디대디(Scandi Daddy)'라는 신조어까지 탄생시켰다. 나 또한 그 스칸디대디 중 한 명이다. 당신이 북유럽 어느 나라에 한 번이라도 갈 기회가 생긴다면, 아마도 어느 거리에서나 이런 아빠들을 쉽게 볼 수 있을 것이다. 그들은 유모차를 밀거나 따뜻한 우유병을 들고 아이에게 먹이고 있거나 아이들을 위한 새로운 놀이터는 없는지 호시탐탐 연구하며 찾아 다니고 있을지도 모른다. 다른 덴마크의 아빠들과 마찬가지로 나도 세 아이와 함께 하기 위해 긴 육아휴직을 냈었다. 처음 스칸디대디가 되어서 했던 경험은 익숙한 도시, 코펜하겐에서였다. 하지만 두 번째 육아휴직은 매우 다른 종류의 모험이었다. 한국으로 이사한 후 아내는 풀타임으로 근무를 하기 시작했고, 당시 9개월이었던 아들, 딸 쌍둥이를 내가 전적으로 돌보게 되었기 때문이다. 어느덧 이제 나는 한국에서 3년을 지냈고 누구보다도 한국에서의 생활을 즐기고 사랑한다. 그 시간 동안 '어떻게 하면 아이들과 좋은 시간을 보낼 수 있을까', 그리고 '가족과 더 많은 시간을 보내고자 하는 아빠들에게 어떤 조언을 해줄 수 있을까'를 곰곰이 생각했다. 한국에 오고 나서, 나는 더욱 더 나의 습관이나 양육에 관한 견해가 얼마나 스칸디나비아적인 전통에 깊게 뿌리를 두고 있는지 알게 되었다. 따뜻한 계절이 되면 나는 밖에 나가서 야외 활동을 해야 한다는 생각으로 가득 찼고, 살짝 위험하기도 한 몸으로 하는 게임을 하면서 아이들의 독립심과 자존감, 그리고 창조성을 일깨우기 위해 안간힘을 썼다. 그리고 가을, 겨울이 오면, 요즘 들어 부쩍 유명해진 덴마크의 '휘게(hygge)' 분위기를 연출하려고 노력했다. 하루 종일 함께 빵을 굽거나 이야기를 나누면서 말이다. 한국이라는 새롭고 신기한 환경에 놓이게 되면서 나는 그 전보다도 더 스칸디대디가 되어가는 듯한 느낌이 들었다.

이 책에는 나의 경험이 많이 담겨 있다. 물론 이 책이 아이들을 행복하고 성공적으로 키울 수 있는 방법에 대한 답안지와 같은 가이드북은 아니다. 모든 가족은 서로 다르고 모든 부모들에게는 자신만의 양육 방법이 있기 마련이다. 이는 모두 존중되어야 한다. 다만, 나는 이 책에서 가족과 더 많은 시간을 알차고 즐겁게 보내고 싶어하는 아빠들을 위해 아이들과 할 수 있는 여러 활동에 대한 팁과 요리 레시피 등을 제공하고자 한다. 여기에 나오는 대부분의 레시피는 4~5인이 먹을 수 있는 음식의 양이다.

무엇보다 나의 친구 데비와 함께 책을 쓸 수 있어서 그녀가 십수 년간 가까이에서 지켜본 북유럽과 그녀가 나고 자란 한국 사이에서 서로 도움이 될 만한 관점과 경험을 함께 실을 수 있었다. 덕분에 앞서 말한 것처럼 스칸디나비아가 모든 해답을 제공하지는 못할지라도 독자들 스스로 몇 가지 솔루션을 적용해볼 수 있도록 객관성과 지혜가 한층 더해졌으리라 생각한다. 나의 아이디어가 바쁜 이 시대의 가족들이 함께 하는 시간에 도움이 되고 그들의 입가에 한 줌의 미소를 더할 수 있다면, 나는 내가 바라던 모든 것을 이루는 셈이다.
즐거운 시간이 되기를!

2017년 6월, 서울에서 마루스 번슨(Markus Bernsen)

Debbie

아이 둘을 키우며 일을 하던 시절, 덴마크의 공기관들과 수많은 기업들, 그리고 여러 북유럽의 사람들을 안팎으로 경험했던 것은 지금 돌아보면 큰 행운이었다는 생각이 든다. 이 책에서 조금씩 이야기하겠지만 일하는 엄마를 배려하는 최고의 생각 시스템을 가진 사람들과 함께 한 시간들은 선물과도 같았다. 스칸디대디라는 신조어가 생기기도 전에 나는 『오픈 샌드위치』에서 북유럽 아빠들에 대한 이야기를 깊게 다루기도 했다. 글로벌 비즈니스 세계에서 컨설팅을 오래하며 많은 비즈니스맨들을 만났는데, 그들은 한 가정의 아빠인 경우가 많았기에 그들만의 육아 방식과 가정 문화를 들을 수 있었던 덕분이다. 스칸디맘은 일과 삶을 양립할 수 있게 도와주는 스칸디대디가 있어서 존재할 수 있는 것이나 다름없다. 그들이 나에게 전해 준 감동을 잊을 수 없어서 글로 남겨두었을 정도인데, 스칸디대디이자 기자이자 셰프인 마쿠스와 함께 육아와 라이프스타일에 관한 책을 써서 세상에 알릴 수 있다니 나는 기쁜 마음으로 펜을 들었다. 한편으로, 나는 문화적으로 상당히 다른 면을 많이 가진 두 사회를 매일 오가며 어느 사회에도 끼지 못하는 엄마이기도 했다. 북유럽 사회에서는 내게 남아 있는 한국적 사고가 그들에게 나를 이상한 존재로 보이게 했고, 한국에서는 북유럽의 교육정신에 물들어 있는 내가 현실성 없는 이상주의자처럼 여겨져 한국 부모들 무리에 합류하기가 어렵기도 했다. 어디에도 속할 수 없는 중간지대에 어정쩡하게 선 내가 미운 오리 새끼 같은 존재처럼 느껴지기도 했다. 드러내지는 못했지만 나는 한국에 살고 있는 스칸디맘이었음을 부인할 수 없다.

아이들을 키우는 부모에게 있어 '일과 삶의 균형'이란, 빵을 벌기 위한 일을 하고 있지만 아이들이 부모와 함께 하는 시간도 희생되지 않도록 그 양쪽을 다 아우르는 일일 것이다. 나 또한 아이들을 너무나 사랑하는 엄마이기에 사회적 성공을 위해 아이들과의 시간을 버리고 싶지 않았고, 그렇다고 아이들만 키우며 시간을 보내기에는 나의 꿈을 놓지 못하는 엄마였다. 그 만만치 않은 상황 가운데에서도 아이들에게만은 좋은 추억을 남겨주고자 고군분투했던 날들이 있었다. 행복감과 자존감을 가진 아이들은 과제수행에서든, 관계에서든 끝까지 잘 해낼 수 있는 긍정적인 길을 만들어 갈 것이라고 믿어 의심치 않는다. 행복한 기억의 해마는 영원히 그들의 잠재의식 속에 살아 있어 나쁜 길로 빠지지 않게 잡아주는 역할 또한 해낼 것이다.

마쿠스가 서문에서 말하듯, 이 세상에 이상적인 국가나 사회는 없고 교육이나 육아 또한 역시 그러할 것이다. 이상적으로 보이는 북유럽 역시 그 안에 많은 고민과 사회문제가 있다. 하지만 세계지도를 펴놓고 봤을 때 이만큼 건강한 사고와 양육이 전반적으로 정착된 나라도 드물다는 것은 내가 십수 년 동안 다양한 나라와 사람들을 직접 만나고 겪으며 깨닫게 된 사실이다. 북유럽이 정답은 아니듯 나 역시 이 책을 통해 어떠한 답을 제시할 수는 없다. 답은 자신이 찾고 만들어가야 하는 것이지만, 이 책이 좀 더 행복할 수 있는 방법에 하나의 선택권을 추가해줄 수는 있으리라 믿는다.

스칸디대디나 스칸디맘은 그들 홀로 탄생한 것이 아니라 사회와 일터, 교육기관, 그리고 가정이 서로 긴밀하게 소통하고 인식하며 지지함으로써 만들어지는 것이다. 그래서 이 책에는 육아 이야기뿐만 아니라 그것에 유기적으로 영향을 미치는 주변의 이야기들, 그리고 아이들이 자라서 만들게 되는 어른들의 세상까지도 관찰한 이야기들이 들어 있다. 생각보다 아이들은 빨리 자라기 때문에 아이와 어른을 별개로 생각하지 않는, 삶의 시간적 연장선에서 보는 시선을 담고자 했다. 우리 모두는 한때 어린아이였으므로. 세대에 걸쳐 부모의 역할과 모습은 조금씩 진화했고 이제는 한국에서도 유모차를 밀며 산책하는 아빠나 아기띠를 메고 우유를 먹이는 아빠들을 흔하게 접할 수 있다. 닮고 싶은 부모, 언제 떠올려도 행복한 미소를 짓게 해 주는 부모가 될 수 있다면 얼마나 좋을까. 나는 늘 그렇게 되기를 꿈꾸는 엄마이기에 이 책을 읽는 독자들도 그러하리라 믿는다. 실제로 부모와의 관계는 한 사람의 인생 전반과 건강까지도 지대한 영향을 미친다는 연구결과가 발표되기도 했다. 그렇게 조금씩 진화하여 이제는 스칸디대디 못지 않은 좋은 아빠들이 점점 늘어나고 있는 이 시대에 마쿠스는 아빠와 엄마들의 고민을 덜어주고 도움이 될 수 있는 자신의 이야기를 꺼내주었다.

세 아이를 동시에 돌보면서 기사를 쓰고, 라디오 방송에서 뉴스를 전달하면서 책을 쓰고, 아이들과 함께 시끌벅적 요리를 하는 마쿠스는 곁에서 보기만 해도 흐뭇한 미소가 번진다. 그는 집 안팎의 일을 두루 챙기면서 어떻게 하면 더 행복하고 재미있는 하루를 가족과 보낼 것인지를 연구한다. 그가 아이들과 하는 놀이와 요리 안에는 진짜 북유럽인의 숨결이, 생각이, 그리고 사랑이 들어 있다. 노르딕(북유럽) 음식은 원래 다소 생소하고 전 세계적으로도 잘 알려지지 않았는데 요즘은 날로 인기를 더해가고 있다. 그 음식은 북유럽의 디자인만큼이나 심플해서, 처음 접하는 사람이라면 '아니 뭐 이렇게 간단하고 멋이 없어'라고 생각할 수도 있다. 하지만 간단한 요리 안에서도 가족이 행복을 느끼는 법을 배울 수 있고, 시간이 많이 걸리지 않기 때문에 일과 균형을 맞추는 데에 도움이 되며, 화려한 레스토랑의 요리가 아니라 덴마크 사람들이 매일 먹는 가정식으로 이루어져 있어서 더욱 부담이 없다. 혹시 이 책을 보며 스칸디대디들이 지나치게 여성적이지 않나 생각한다면, 미리 말해두건대 그들은 바이킹의 기개를 물려 받은 정말 '상남자'들이다. 그들에겐 아이의 기저귀를 갈고 가족을 위해 요리를 하는 것이 아무렇지 않은 일이라 그렇게 보일 수 있지만, 프로페셔널한 모습으로 일터에 있는 그들의 모습을 본다면 그런 생각은 한참 밖으로 밀려날 것이다.

아이 둘을 키우는 엄마로서 자신 있게 말하건대, 최고의 교육은 아이들이 행복한 기억과 정서를 가지고 자라도록 하는 것이다. 당신과 아이들이 함께 그 추억을 만드는 데 마쿠스가 아이디어를 더해줄 것이다. 두고두고 읽으면서 행복해지는 책, 자신의 삶에도 기꺼이 적용할 수 있는 책, 나중에 자신의 아이에게도 엄마, 아빠가 참고했던 육아서로 물려줄 수 있는 책이 되었으면 하는 바람이다. 생각의 각도를 조금만 바꾸면 행복이 보인다.

SCANDI DADDY'S SPRING

Enhver er sin egen lykkes smed.
Everybody is the blacksmith of his/her own happiness.

모든 사람은 자기 자신의 행복을 만들어가는 대장장이다.
- 덴마크 속담 중 -

1 봄 Spring

진짜 남자, 기저귀를 갈다

Markus

봄이 다가올 때 즈음이면, 누구나 봄이 도착하기도 전에 그 향기를 맡을 수 있을 것이라는 착각과도 같은 느낌이 든다. 봄의 첫날은 언제나 특별한 그 무언가가 있다. 이건 아마도 전 세계 어디나 비슷하리라 생각한다. 봄이 찾아오는 것은 덴마크에서 매우 특별한 일이고, 한국에서는 정말이지 멋진 일이다. 아침에 깨어나 온몸으로 그 봄의 기운을 느끼는 것 말이다. 우리 아이들도 나와 똑같은 방식으로 봄이 오는 것을 느낀다고 나는 단언할 수 있다.

북유럽 사람들은 봄이 찾아올 때 살짝 들뜨는 편이다. 덴마크는 겨울이 너무 길고 어두워 누구나 할 것 없이 따뜻한 계절, 특히 봄과 함께 찾아오는 빛을 간절히 기다리기 때문이다. 빛은 지구의 북쪽 끝에 사는 우리 같은 사람들에게는 보물과도 같은 것이다. 뭐라고 설명해야 할까, 내가 나고 자란 곳에서는 사람들이 그야말로 '빛의 소중함'에 사로잡혀 있다. 왜냐하면 최소한 일 년의 반은 거의 빛이 들지 않는 환경에서 살고 있어서 빛이 생겨나는 순간 우리는 최대한 많은 빛을 끌어당겨 몸 속에 저장이라도 하듯 섭취하려 하기 때문이다.

빛은 전 세계적으로 유명한 스칸디나비아의 건축이나 미니멀리즘 디자인을 이해하는 데 중요한 열쇠이기도 하다. 북유럽 나라들은 집 안으로 빛을 최대한 끌어들일 수 있도록 모든 환경을 디자인하고 구성하는 방법에 집중하는 오랜 전통이 있다. 심지어 우리는 그 희귀하고도 소중한 햇빛이 들어오는 크고 아름다운 창문과 약간의 자리를 차지하는 심플하고 기능적인 조명 등으로 집을 꾸미기도 한다. 스칸디나비아 정신세계의 모든 것은 빛을 최대한 많이 끌어안고자 노력하는 것이라고 해도 과언이 아니며, 아마 이 노력은 일년 내내 지속될 것이다. 그러니 따뜻한 햇살과 함께 봄이 찾아오는 첫날, 우리가 조금은 미친 척 과장되게 행동하는 경향이 있는 것도 놀랄 일은 아니다. 코펜하겐에서는 사람들이 여전히 추운 날씨에도 불구하고 반바지를 입기 시작하며, 노천카페에 나와 담요와 모자로 추위를 달래며 그 소중한 한 줄기 햇빛에 몸을 적시는 모습을 심심찮게 볼 수 있다. 이렇게 봄으로 날씨가 바뀔 때면, 밖은 여전히 섭씨 5도 정도로 추운 3월인데도, 사람들은 마치 하와이에라도 와있는 것처럼 봄기운을 내려고 너도나도 옷을 얇게 입어대는 탓에 사무실은 감기와 바이러스의 물결로 애를 먹곤 한다.

나는 겨울이 막 봄으로 바뀌려고 하는 즈음에 첫 육아휴가를 시작했다. 다른 회사들과 마찬가지로 내가 일하는 신문사는 나의 첫째 아들 '피터'가 돌이 될 무렵에 2개월의 휴가를 주었다. 다른 나라들에 비해 엄마를 위한 출산휴가나 아빠를 위한 육아휴가가 상당히 관대한 편이어서, 덴마크와 노르웨이의 경우는 1년 정도의 유급휴가가 부모에게 나누어 주어지고, 스웨덴의 경우는 16개월의 공동휴가가 주어지는데 그중 3개월은 아빠에게 배정되는 조건이다. 만약 아빠가 그 3개월을 쓰지 않으면 휴가는 13개월로 줄어든다.

나의 아내는 첫째 아들 피터가 돌이 될 때까지 1년간 함께 집에 있었는데, 온전히 아이와 함께 보낸 그 시간들은 매 순간이 즐겁고 소중했다고 나에게 이야기했었다. 아내는 다시 풀타임으로 직장에 복귀하게 되었고, 피터를 종일 보육시설에 보내야 하는 때가 오고 말았다. 이제는 우리 부부가 모두 풀타임으로 직장에 복귀하더라도 피터가 무리 없이 우리와 떨어져 생활할 수 있도록 피터를 적응시켜야 하는 시기가 온 것이다. 피터에게는 사실 상당히 충격적인 변화일 수 있는 시점이었다. 최소 한 명의 부모와는 매일 함께 있었는데 이제는 완벽히 떨어져서 낯선 많은 아이들, 그리고 처음 보는 어른들과 하루를 보내야 하기 때문이다.

북유럽 나라들에서는 이 모든 일련의 과정들이 거의 시스템처럼 표준화가 되어 있다. 이러한 제도들 덕분에 다른 나라들과 비교해도 주목할 만큼 아빠가 아이들과 충분하고도 많은 시간을 보낼 수 있는 것이다. 어떤 아빠들은 아이가 태어난 첫 1년 동안 거의 엄마만큼의 휴가를 쓰기도 한다. 그 시간 동안 아빠들은 어쩌면 엄마보다도 더 아이의 행동과 요구를 잘 알아차리게 되기도 하고, 엄마보다 아빠에게 더 애착심을 갖게 만들기도 한다. 엄마보다 아빠가 아이를 편안하게 하기 위한 역할의 중심에 설 때가 오히려 더 많아지는 것이다.

사실 나는 이런 일들이 얼마나 특별한 것인지, 육아휴가 중 프랑스를 방문하기 전까지는 잘 알지 못했었다. 하루는 우리가 프랑스, 미국, 영국 그 외 많은 나라에서 온 사람들과 점심식사를 하게 되었다. 그때는 내가 피터와 워낙 많은 시간을 함께 하고 있었기 때문에 아내가 마실 것을 가지고 오거나 다른 사람들과 대화를 나누고 있을 때 내가 피터를 돌보고 챙겨야 했다. 당시 피터는 이제 막 걷기 시작할 무렵

이어서 자주 넘어졌는데 그럴 때마다 위로가 필요했고, 배가 고프거나 목이 마를 때도 줄곧 나를 찾았다. 그런데 그곳에 모인 사람들은 이 광경을 보면서 너무나 놀라워했다. 그들은 어린 아이가 엄마보다 아빠와 이렇게 강한 애착관계를 형성한 것은 본 일이 없다고 했다. 그리고 한 프랑스 여성은 우리를 오랫동안 지켜보더니 마침내 나에게 이렇게 말했다.

"믿을 수 없군요! 이건 거의 당신이 엄마인 거 같아요. 세상에…."

그녀가 코펜하겐에 갔다면 아마 더 충격을 받았을지도 모른다. 내 친구들 중에는 배우자가 더 나은 커리어의 기회가 있어서 육아휴직 이후에도 아빠가 계속 아이를 돌보며 집안일을 도맡는 경우도 있다. 처음에는 육아휴직으로 시작했지만 원래 직장으로 복귀하지 않고 파트타임으로 일하거나 승진의 기회가 별로 없는 직업을 선택하면서까지 아이들과 함께 있는 시간을 만들고 세탁이나 쇼핑, 요리 등을 도맡는 아빠들이 생겨나는 것이다. 그래서 키 큰 금발의 남자들이 유모차를 밀며 돌아다닌다거나 큰 바이킹 수염을 달고 아이들과 스포츠를 즐기고 하트와 핑크 고양이가 그려진 유아용 지갑을 목에 걸고 다니는 광경을 쉽게 볼 수 있다. 스웨덴에서는 그런 아빠들을 두고 '라떼파파(Latte papas)'라고 부르기도 한다. 한 손에는 카페라떼를 들고 다른 한 손으로는 유모차를 끄는 아빠의 모습을 비유한 것이다.

북유럽에서는 아빠가 가족과 많은 시간을 보내는 것이 당연하다고 생각한다. 오히려 온종일 일만 하는 것을 쿨하지 못하다고 여길 정도이다. 또한 아이들과 함께 있지 않고 친구들과 바(bar)에서 술을 마시거나 밤거리를 돌아다니는 것 역시 쿨하지 못하다고 생각한다. 그들은 아빠가 아빠다운 일을 하는 것을 훨씬 쿨한 일로 받아들이는 것이다.

요리를 하는 것은 이곳 아빠들에게 있어서 오랜 전통과도 같다.

이를 확인해주듯 북유럽 주요 도시의 잘 갖춰진 부엌에는 대단히 잘 드는 칼이나 불을 붙이는 토치처럼 매우 남성적인 요리 도구들이 가득 차 있다. 다만 설거지를 하거나 빨래를 너는 것은 아직 남성적인 활동으로 여겨지지는 않지만, 아이들과 함께 숲에 가거나 정원에서 요새를 짓는 것과 같은 활동은 아빠의 영역이라고 생각한다. 당신이 아이들을 최고의 우선순위에 둔다면 북유럽의 아빠들은 당신을 정말 멋진 사람이라고 생각할 것이다. 엄마들이 좋아하는 것은 말할 나위 없다. 내가 유모차를 끌고 처음 산책을 나갔을 때, 내 생애 그렇게 많은 여자들이 나에게 미소를 날린 일은 없었다.

북유럽에서는 아빠들에게 있어서만 다른 것이 아니라 엄마들에게도 그렇다. 북유럽의 엄마들은 보통 1년 정도의 육아휴직을 하는데, 대부분 그 이후에는 자신의 풀타임 직장으로 돌아가는 것이 일반적이다. 이것은 북유럽 국가들이 최고 수준의 양성평등을 유지하는 데에 매우 중요한 요소이다. 수많은 국가의 여성들이 아이를 낳은 후 사회생활 복귀에 어려움을 겪고 있고, 심지어는 복귀하지 못하는 경우도 발생하지 않는가. 남편들과 똑같이 대학을 졸업하고 같은 점수를 받고 같은 직업으로 시작했어도 아이를 낳은 후로는 아내와 남편의 삶이 완전히 달라지는 경우가 생기는 것이다. 남성들은 긴 시간 동안 일터에서 일을 할 수 있고 성장의 기회도 주어지는 반면, 여성들은 아이들에 대한 책임을 전적으로 지면서 파트타임으로 일하거나 그마저도 하기 어려운 경우는 사회생활에서 성장의 기회를 아예 상실하기도 한다.

북유럽의 복지 시스템 역시 정말 많은 문제를 안고 있다. 일단 매우 비싸다. 하지만 한 가지 확실한 것은, 이 복지 시스템을 유지하기 위해 대부분의 덴마크 사람들은 대략 50% 정도의 세금을 기꺼이 부담하고 있다는 것이다. 때문에 이 복지 시스템 안에서 아이를 가지는 것이 엄마의 커리어를 끝내는 것을 의미해서는 안 된다고 믿는다. 1960년부터 스칸디나비아의 복지 모델은 엄마들이 아이를 낳은 후에도 똑같이 자신의 직장으로 복귀해서 아빠들과 똑같은 조건으로 자신의 커리어를 추구할 수 있게끔 제도를 만들어놓았다. 오늘날 약 80%의 덴마크 여성들은 출산 후에 자신의 원래 직장으로 돌아간다. 그들은 자신의 복귀에 감사해 하는 남편과 고용주의 지지를 받으면서 종일제 보육시설이라는 국가적 차원의 시스템 지원까지 받을 수 있다. 이 보육시설은 정부에서 보조를 받는 시설들로, 부모들은 이곳으로 아이를 보낼 때 보육비의 약 25%만 지불하게끔 되어 있다.

대부분의 보육시설은 매우 유연하게 운영되고 어느 시간이나 부모의 스케줄에 맞춰 아이를 집으로 데려갈 수 있다. 내가 만난 어떤 외국인들은 이 시스템이 하루의 대부분을 그곳에서 보내야 하는 아이한테는 조금 가혹한 일이지 않느냐는 우려의 목소리를 냈다. 하지만 북유럽에서는 이뿐만 아니라 아주 어린 아이들도 버스에 태워서 숲이나 야외로 나가 온몸을 감싸는 바디 수트를 입고 비가 오나 눈이 오나 바깥 놀이를 하게끔 하는데, 이에 대한 외국인들의 반응은 너무나 당혹스럽다거나 혹은 격분하는 양상을 보이기도 한다. 아마 어떤 나라들에서는 아이가 2살쯤은 되어야 반나절 정도 가는 보육시설에 보내고 자신은 파트타임으로 일하기 시작하는지도 모른다. 하지만 스칸디나비아의 시스템은 육아휴직이 끝나면 여성들을 일터로 돌아오게 하기 위해 애쓰는 모습이다. 물론 모든 엄마들이 그것을 다 원하는 것은 아니다. 어떤 이들은 아이들과 더 오랜 시간을 보내기 위해서 직장에 복귀하는 것을 선택하지 않기도 하고, 어떤 이들은 다시 복귀하는 데 어려움을 겪기도 한다. 사실 매일 아침 8시에 아이를 종일 보육시설에 맡기고 출근하는 것은 정말 쉽지 않은 일이라, 아빠의 소득만으로 살 수 있는 경제상황이라면 일터로 돌아가지 않을 수 있다. 하지만 대부분의 스칸디나비아 부부들에게 있어서 가정은, 어떤 의미에서라도 균형과 평등을 맞춰야 한다고 생각한다. 엄마와 아빠가 동등하게 일터에서 일하고, 아이들과 같은 양의 시간을 보내며, 청소와 요리, 빨래, 집수리 등의 일을 적절히 분배하는 것 등이 그것에 해당한다. 한 사람은 나가서 경제활동을 하고, 또 한 사람은 온전히 아이들을 돌보고 집안일을 하는 식으로는 이 균형을 맞추기 어렵기 때문이다. 이렇게 균형을 잡으려는 노력이 결코 쉬운 일은 아니지만, 이런 노력의 결과로 아이들은 평일에도 엄마, 아빠와 비슷한 시간을 같이 보내게 되고 양쪽 부모 모두 아이들의 많은 활동에 함께 참여하게 된다.

Debbie

북유럽의 날씨는 그 나라 사람들조차 그리 사랑하지는 않는다. 은퇴하면 따뜻하고 밝은 나라로 가기를 꿈꾸는 사람들도 상당수 보았고, 날씨 이야기는 꼭 빠지지 않는 테마이기도 하다. 흐린 날이 많아 어두움이 지배하는 날씨 때문에 아무 일이 없어도 우울증을 겪는 인구의 비율이 항상 존재하고 있는, 따뜻한 남쪽 나라의 사람들과는 다른 고민을 안고 있는 나라가 북유럽이다. 나는 행복지수가 높은 다른 나라들도 겪어봤지만, 북유럽의 행복지수가 주는 의미에 조금 다른 면이 있다면 이들은 자신들에게 주어진 척박한 자연환경을 극복하고 행복

하게 살아갈 수 있는 방식을 만들기 위해 애썼다는 점이다. 눈부신 햇빛, 넓은 땅과 자연, 천연자원, 좋은 날씨가 주어져서가 아니라 그렇지 않더라도 아름답게 만들어가려는 노력이 바로 그것이다. 그래서 '빛'은 그들에게 있어서 남다르게 소중하다. 이들을 만난 뒤로부터 나도 나에게 주어진 것을 당연하게 여기지 않고 한 번 더 생각하며 감사한 마음으로 바라보게 되었다. 그리고 금수저로 태어나지 못했어도 불평하지 않고 극복하며 살아가려고 더 애쓰게 되었다. 봄이 다가올 때 이들이 전하는 감탄사와 감사의 단어들은 늘 들어도 반갑고 나를 행복하게 한다.

아이들의 육아와 일을 한국에서 병행하는 동안 나는 매우 다른 라이프스타일을 양쪽에서 겪으며 하루를 살았다. 새벽에 출근해서 밤늦게 퇴근하는 전형적인 한국의 라이프스타일을 가진 나의 한국인 남편은, 마음은 스칸디대디이나 생활패턴이 코리안 대디라서 나는 무엇이든 혼자서 해내야만 했다. 주말이 되어도 평일에 부족했던 수면과 힘들었던 일과를 풀어내기 위해 밀린 잠을 자는 일이 많았으니 '마음만 스칸디대디'였다고 표현할 수밖에 없다. 일년에 5~6주 정도의 휴가를 쓰며, 저녁은 꼭 집에서 먹는 북유럽 사람들과 같이 일을 하면서 남편의 라이프스타일을 바라보는 것은 쉽지 않았다. 하지만 불평은 하지 않으려고 노력했던 것 같다. 그렇게 성실하고 묵묵하게 열심히 일해 온 수많은 한국인들이 있어서 우리가 여기까지 왔다는 사실을 잘 알고 있기 때문에 지금 현재 우리의 상황은 일단 받아들여야 하는 것이었다. 양육에 있어서 조부모의 도움을 전혀 받을 수 없는 상황이었고, 도우미 아주머니는 너무 비쌌다. 혹여 도움을 줄 수 있는 분을 구해도 보통은 나이가 지긋하신 분들이 많아 편찮으시거나 개인 사정이 생기는 날들이 많아서 갑자기 출근을 할 수 없는 날이 종종 생겼다. 어쩔 수 없이 가장 안전한 선택은 종일 보육시설에 맡기는 것이었다. 돌도 안 된 아이를 보육시설에 맡기는 것은 나의 마음을 정말 힘들게 했고 주변에서도 너무 가혹하지 않느냐는 비난의 눈빛이 있었지만, 그 상황을 아무렇지도 않게 생각하고 격려해준 것은 역시 덴마크 사람들이었다.

나의 상황은 보통의 북유럽 가정과 매우 비슷했기에 마음에 위로가 되었지만, 그들과 달리 나는 겨우 들어간 종일제 보육시설에 눈이 오나 비가 오나 매일 아이를 맡기고 다시 데려오는 일을 '혼자' 해야 했다. 그게 나를 제일 힘들고 지치게 했다. 특히 아기 둘을 데리고 혼자 맞이하는 아침은 전쟁과도 같았다. 안아달라고 보채는 아이를 아기띠에 업은 채로 화장을 하거나 밥을 먹이는 일, 아이들을 위해 준비해야 하는 많은 짐들까지…. 하루가 시작하기도 전인 아침에 이미 모든 에너지를 소진한 듯했고 허리는 끊어질 듯 아팠다. 어린이집 앞에서 들어가지 않겠다고 누구 하나가 울기라도 하면, 출근 시간이 늦을까 봐 마음은 조마조마한데 안쓰러움은 커져 이러지도 저러지도 못하다가 나도 울어버리는 일이 생기기도 했다. 어떤 날은 아이 둘을 차에 태워서 각각 다른 유치원에 맡기고 출근을 해야 하는데, 너무나 정신이 없었던 나머지 한 아이만 유치원에 내려주고 또 한 군데의 유치원에 가야 한다는 사실을 까맣게 잊은 채 사무실로 간 날도 있었다. 차에서 내려 출근을 하려고 보니 둘째 아이가 뒤에 그대로 타고 있는 게 아닌가. 맙소사! 긴급히 사무실에 상황을 설명하고 다시 운전대를 잡고 유치원으로 향했던 그 아침…. 퇴근을 하고는 또 두 유치원에서 아이들을 픽업해서 집으로 오는 일을 매일 해야 했다. 아이들을 키우며 생긴 에피소드들을 쓰려면 책 한 권이 모자라지만, 그 전쟁 같았던 하루하루를 지내며 언젠가는 출퇴근을 하지 않고도 가치를 창출하며 살 수 있는 미래를 끊임없이 구상하기도 했다. 너무 힘든 날에는 모든 것을 내려놓고 시골 전원주택 같은 곳에 가서 조용하고 평화롭게 살고 싶다는 몽상도 수없이 했다. 하지만 가끔 덴마크 출장 길에서 눈이 가득 내린 추운 겨울 아침에 세 아이를 자전거 앞 수레에 싣고 가며 유치원에 각각 내려주고 출근하는 엄마나 아빠를 보면, '그래도 차라리 내 상황은 얼마나 나은가' 하는 생각을 하며 불평하기를 접을 수 있었다. 그 시절 내 마음에 의지가 되고 위로가 되었던 것은 바로 스칸디대디들이었다. 물론 우리는 프로페셔널 사회에서 함께 일하고 있었지만, 그들은 내가 그저 그들을 위한 인적 자원으로서 존재하는 것이 아니라 '인간'이라는 것, 그리고 엄마라는 사실을 숫자 싸움이 일어나는 비즈니스 현장에서도 잊지 않고 기억해주었다. 그들은 "데비가 한국이 아니라 북유럽에서 사회생활을 하는 엄마였으면 이것보다는 스트레스가 훨씬 적었을 텐데…."라고 하며 안쓰러워하는 말을 건네주기도 했다. 인건비가 비싼 북유럽에서는 아이를 돌봐주는 개인적인 보모를 구하는 것은 거의 있을 수 없는 일이라 종일제 보육시설을 이용하는 것에 대해 죄책감을 느끼는 분위기가 아니어서 나의 생활패턴이 그들에게는 아무렇지도 않은 것이었다. 다만 내가 남편과 육아를 나눠서 할 수 없는 것이 그들에게는 버거워 보였던 것이다. 아이들이 아프거나, 겨우 구했던 도우미 아주머니에게 예기치 않게 일이 생기거나, 갑자기 어린이집에서 사고가 생기거나, 열거할 수 없이 많았던 돌발 상황들 사이를 넘나들면서도 그들은 나의 성장과 아이들의 성장이 같이 일어나야 한다고 재차 강조해주었다. 게다가 나의 아이들은 밤에 자다가 자주 깨는 수면장애가 있어서, 아이들이 초등학교에 들어가기 전까지 계속 밤잠을 설쳐야 했다. 정말이지 밤새 한 시간 혹은 30분마다 깨는 두 아이를 어르고 달래기를 반복하다가 아침에 의연하게 출근을 하는 것은 세상에서 가장 고통스러운 일이었다. 7~8시간의 수면시간 중 10번 이상을 깨는 일은 나의 일상과도 같았다. 삶이 너무나 견디기 힘들어서 하루는 그 이야기를 동료들에게 털어놓고 말았다. 어쩌면 일을 그만두어야 하는 것이 아닐까, 이렇게는 더 이상 버티기가 힘들다고 말했을 때 덴마크 사람들은 두 번 고민하지도 않고 근무시간을 줄이는 것을 제안했다. 전례가 없는 일이라 회사에서 어떻게 받아들일지 모른다고 했지만 우리는 시도했고, 드디어 하루에 해당하는 근무시간을 줄일 수 있게 됐다. 나는 그 시간을 유연하게 나누어서 너무 극심하게 잠을 자지 못한 날은 잠을 보충하는 것에 쓰면서 계속 일을 해나갈 수 있었다. 이런 모든 상황에서도 예기치 않은 일이 생기면 또 예정에 없었던 재택근무를 하기도 하고, 아이들이 새로운 어린이집에 적응해야 하는 일이 생기면 또 그 시간만큼 아이들을 적응시킬 수 있도록 시간을 배려해주는 등 다양한 방법으로 경력이 단절될 소지가 충분하고도 남았던 그 시기를 견디고 넘겼다. 이것은 일과 육아, 혹은 자아실현과 아이 사이에서 단 하나를 선택해야 하는 일은 자기 나라에서는 없다고 말하는 사람들 덕분이었다. 그들의 응원과 배려를 나는 아직도 잊을 수 없고, 그 시간들은 일터가 친정처럼 느껴졌던 감사한 시간들이었다. 함께 일하는 동료들뿐 아니라 고객사들조차 나를 배려해주었다. 임신을 한 채로 어느 화학 회사에 현장실사를 갔을 때는 행여나 독한 화학물질에 노출되지 않을까 걱정해주었고, 아이를 출산했다고 했을 때는 고객이 거꾸로 컨설턴트인 나에게 아이의 신발 선물을 들고 나타나거나 직접 레고 박스를 들고 출장을 오기도 했다. 아이들과 떨어져 생일을 출장지에서 보낼 때는 가족을 대신해서 생일 축하 노래를 불러주었고, 육아 고민을 털어 놓으면 서슴없이 자신의 조언을 나누어 주고 내가 충분히 잘 하고 있다고 늘 북돋아 주었다.

북유럽의 아빠들은 가족에게만 자상한 것은 아니었다. 어딘가에 들어가기 위해 문을 열어야 할 때는 먼저 열어서 다음 사람이 들어갈 때까지 잡고 기다려주는 일이 많은데 한번은 나보다 한참은 앞서간 동료가 내가 들어갈 때까지 계속 문을 잡은 채 기다려주는 것을 본 적이 있다. 겉으로는 지그시 미소를 지으며 "고마워"라고 말했지만, 속으로는 정말 놀라움을 금치 못했다. 비즈니스 미팅 때는 의자를 서로 빼주려다가 부딪히는 해프닝이 벌어진 적도 있었고, 레스토랑에서는 옆에 앉은 여자 동료의 코트를 누가 걸어주고 입혀줄 것인지 서로 순서를 상의하기도 한다. 자기 앞에 놓인 일만 하고 끝나는 것이 아니라 주변까지 끊임없이 돌아보는 그런 매너는 언제부터 형성되는 것인지 나는 궁금하기만 했다. 그들은 대체 양육을 어떻게 하는 것일까. 하지만 다시 한국에 들어오면 나는 사뭇 다른 풍경을 보게 된다. 명절날 하루 종일 전을 부치는 여인들 옆에는 과일을 먹으며 소파에 누워 TV를 보는 아빠들이 존재하고, 그 다음날이 되면 이혼율이 높아진다는 신문기사가 기다렸다는 듯이 시리즈처럼 등장한다. 명절날 여자들의 스트레스를 수치화해서 통계를 내기도 하니 이건 얼마나 큰일인가 하는 생각이 든다.

북유럽에 도착하면 나는 나이나 성별, 몸집, 사회적 지위, 그 어떤 것으로도 차별을 받는다는 느낌이 들지 않고 온전히 나 자신이 된다. 그 느낌은 정말 나를 행복하게 한다. 나는 그들의 마음에 보상하기라도 하듯 배로 열심히 뛰었고, 아이디어를 내며 일하려고 안간힘을 썼다. 일하는 엄마의 생산성이 결코 낮지 않다는 것을 보여주고 싶었고, 그들은 그것에 답하기라도 하듯이 나의 평가지에 '높은 생산성과 창의성'이라고 적어주었다. 서로를 존중했고 신뢰했으며 육아와 병행되는 상황의 모든 변수에 있어서 손발을 맞추려고 분주히 머리를 짜며 노력했다. 그래서 나는 북유럽의 양성평등이 단지 시간이나 일의 분배 측면만이 아니라 그들의 사고 안에 깊숙이 들어있다는 것을 누구보다 뼈저리게 느꼈는지도 모른다. 실제로 세계 양성평등지수에서도 북유럽은 최상위권을 차지한다. 이들이 이룩해놓은 양성평등은 남자가 밖에서 돈을 벌고 여자가 가사일을 해야 한다는 전통적인 방식에서 벗어나 부부 모두 돈을 벌고 가사를 분담해야 한다는 수준의 의식을 조금 더 뛰어넘었다. 그들은 아이를 낳고 양육해야 하는 짐을 지고 있는 여자들이 그 상황을 극복하게끔 도와줘야 마땅하고 남자와 동등하게 성장하고 성취를 누리는 삶을 살게끔 사회와 아빠들이 지지해줘야 한다고 생각한다. 그러나 북유럽 엄마들이 힘들게 육아와 일을 병행하면서도 자신의 일을 계속 하는 것은 높은 물가 수준을 감당하며 어느 정도 이상의 삶의 질을 유지하기 위해 피할 수 없는 선택이라는 현실도 여전히 존재한다. 또 다른 관점을 가진 사람들은 북유럽의 여자들이 너무 자기 주장이 세고 거칠지 않느냐는 평가를 하기도 하는데, 그건 어떤 사람을 만났느냐에 따라 달라지는 느낌이다. 나는 부드러움과 자기 의견이 조화롭게 이루어지는 북유럽의 여자들을 많이 보았다. 가족과 주변을 돌보는 여성성과 자신의 일을 성취하고자 하는 남성성이 섬세하게 공존하는 사람이 성공한다는 연구결과도 있지 않은가.

세계여성의 날 유엔여성기구(UN Women)에서 영화배우 앤 해서웨이(Anne Hathaway)는 '유급 육아휴직을 도입해야 한다'는 주장을 담은 연설을 하며 스웨덴의 한 연구결과를 예로 들었는데, 아빠가 육아휴직을 쓰는 가정은 엄마의 소득이 6.7%씩 오른다는 연구결과였다. 육아휴직은 그냥 어느 일정 기간 동안 휴가를 쓴다는 개념이 아니라 그 시간 동안 새롭게 주어진 역할을 재정의하고 그 역할에 쓸 수 있는 자유를 가지는 것이며 가정 전체도 수치로 표현한다면 6.7% 정도의 경제적 안정을 더 얻을 수 있다는 설명을 덧붙이기도 했다. 여전히 아빠에게는 육아휴직이 주어지지 않고 엄마에게도 3개월의 무급휴가만이 주어지는 미국의 현실을 개선하기 위한 그녀의 제안이었다. 또한 네덜란드의 사회학자 거트 홉스테드(Geert Hofstede)는 사회적 문화를 설명하는 척도 중 하나로 '권력의 거리(power distance)', 남성성(masculinity)과 여성성(femininity)을 이야기했다. 남성적인 사회는 주로 자기 주장, 명예와 물질의 획득에 중요성을 두는 것으로 묘사되는 반면에 여성적인 사회는 삶에서의 부드러운 가치, 사람과 자연에 대한 돌봄, 폭력을 피하고 사회적 통합에 큰 가치를 두는 사회로 표현된다. 아마도 그것이 왜곡되지 않은 원래의 여성성일 것이다. 북유럽은 전형적인 '여성적' 사회로 분류되는데 그것이 행복을 가져다 준다니 스칸디대디는 이런 사회적인 성향과도 무관하지는 않아 보인다. 게다가 권력의 거리 또한 지구상 어느 나라보다도 짧아서 권위만 앞세우는 아버지상과는 아예 거리가 멀다고 보면 이해가 쉽다. 그들은 친절하고 다정하며 엄마와 똑같이 가까이 다가가기 쉬운 아빠인데 남성성과 체력까지 겸비했으니 함께 몸을 쓰는 신체적 놀이 문화를 만들어내기에 최적이다. 사회학자 진 발렌타인(Jeanne Ballantine)

은 양육 스타일에 따라 부모상을 독재적인 양육(authoritarian), 권위가 있는 양육(authoritative), 허용적 양육(permissive), 무관여적 양육(uninvolved)으로 표현하고 있다. 가장 일반적으로 쓰이는 부모의 양육 패턴이라고 보면, 정확히 그 범주에 들어가지는 않는다고 할지라도 이 중 어느 중간쯤에 우리는 자리하고 있다. 내가 그 동안 지켜본 대부분의 스칸디대디와 스칸디맘은 가장 이상적인 양육 스타일로 제시되는 '권위가 있는 양육(Authoritative parenting)', 즉 권위를 갖춘 부모의 범주에 들어가면서 따뜻하고 자유로우며 편안하면서도 존중하는 정서로 스칸디나비아적인 특징이 더해져, 아이들이 가정에서부터 수평적인 사회구조와 양성평등을 자연스럽게 접하게 된다. 물론 모든 북유럽의 부모가 이런 것은 아니고 이런 부모의 비율이 높다는 것이다. 스웨덴에서 이루어졌던 '유아교육기관에 다니는 자녀를 둔 가정에 대한 연구(Kihlblom, 1991)'에서 나타난 부모들의 가장 큰 걱정거리는 '자녀들과 함께 하는 시간이 적다'는 것이었다고 한다. 그 걱정은 경제문제에 대한 우려보다 훨씬 높은 순위를 차지했다고 하니 이들이 얼마나 자녀들과 함께 있는 시간을 중요하고 소중하게 생각하는지 알 수

있는 대목이다. 얼마 전 한국에서 아이를 낳았던 덴마크 친구가 자정이 한참 넘은 한밤중에 다급한 문자를 나에게 보냈다. 태어난 지 며칠 되지 않은 아들이 건강에 약간 문제가 생겨 병원에 입원하게 되었는데 엄마의 면회가 하루에 두 번밖에 되지 않는다는 것이었다. 그녀는 신생아를 엄마와 떼어놓는 일이 고향에서는 없는 일인데 어떻게 이 상황을 받아들여야 하는지, 아이와 같이 있을 수 있는 방법은 없는지 나에게 물었다. 아이와 살을 맞대고 함께 있어야 하는 중요한 시기에 떨어지게 된 것이 그녀로서는 큰 충격이었던 것 같았다. 그건 병원의 조치라서 내가 해결해줄 수 있는 부분은 아니었기에, 나는 나의 경험을 나누어주고 언제든지 병원으로 달려가서 도와주겠다고 말을 건넸는데, 그것만으로 그녀는 안정감을 느끼는 듯 했다.

가끔 한국의 경쟁적인 교육 환경에 지친 부모들은 아이들을 더 좋은 환경에서 공부할 수 있게 다른 나라로 유학을 보내기도 하는데, 나는 사실 그런 생각을 해보지는 못했다. 유학을 보내지 않아도 아이들과 제대로 보낼 수 있는 시간은 20년이 채 안 되는데, 그 전에 떨어져 있는 건 부모에게도 아이에게도 가혹하다는 생각이 들어서이다. 사춘기만 되어도 이미 마음은 조금씩 떨어지기 시작하니 사실 아이들과 함께할 수 있는 시간은 10여 년밖에 되지 않을지도 모른다. 조기 유학을 보내서라도 더 나은 환경을 제공해주고 앞서가는 최고의 인재를 만들고 싶은 부모의 마음은 충분히 이해한다. 부모들마다 나름의 생각이 모두 다르고 그들의 생각을 모두 존중하지만, 나에게 아이들은 '사랑을 나누기 위한 존재'일 뿐, 아이들을 최고의 인재로 만드는 것은 그 다음의 일이다. 그런 면에서는 어쩌면 나도 마쿠스처럼 야망이 작은 편에 속하는 것 같다. 나의 아이들도 더 나은 공부를 위해 어릴 때부터 엄마, 아빠와 함께 있는 시간을 포기하는 것은 생각할 수 없는 일이라고 딱 잘라서 나에게 말했고 나는 그들의 의견을 존중한다. 이제 아이들도 미국이든 영국이든 더 멋진 교육을 하는 곳이 있다는 것을 알지만 그들에게 최고의 나라는 엄마, 아빠와 함께 할 수 있는 나라, 한국인 것이다. 성인이 된 이후에 자신이 하고 싶은 공부를 어디에서 할 것인지는 아이들이 정하게 될 것이다. 아이들과 대화하는 것이 최고의 행복을 가져다 주는 요즘, 그 시간이 많이 남아있지 않다는 것을 피부로 느끼고 있어서인지, 더욱 그 시간을 소중히 아껴 쓰려고 노력하는 중이다.

세상에서 가장 행복한 아이들?

Markus

얼핏 보면, 지구상에서 가장 행복한 나라로 덴마크가 선정되는 것은 옳지 않아 보인다. 일단 날씨가 절대로 최고가 아니다. 늘 비가 많이 오고, 바다에서부터 거친 바람이 불어와 도시를 휩쓸고 지나갈 때가 많기 때문에 덴마크 사람들은 일년의 대부분을 어둡고, 차갑고, 축축한 날씨를 경험할 수밖에 없다.

그리고 비 오는 거리를 걷는 덴마크 사람들을 보면, 절대 그들이 세상에서 가장 행복해 보이는 얼굴로 걷고 있지 않다는 것 또한 어렵지 않게 알아챌 수 있다. 오히려 덴마크 사람들은 그다지 미소를 많이 짓는 편이 아닌 데다가 상당히 내성적이고 수줍은 성격을 가진 사람들이 많다. 새로운 사람들을 만날 때 대화를 금방 시작하는 사람들도 아니다. 북유럽의 많은 사람들이 다소 건조한 느낌의 재치를 가진 편이고 딱히 행복이 연상되는 자기 인식을 가지고 있는 것도 아니다. 그리고 그들은 자신이 이룬 성취보다는 자신의 모자란 점을 상대적으로 크게 부풀려서 말하는 것에 익숙하다. 만약 당신이 덴마크 사람에게 승진을 했다거나 책을 출판했다거나 하는 일 등으로 축하 인사를 건넨다면, 아마 곧바로 아쉬움의 이야기가 이어질 것이다. 그 일을 이루어내기까지 계획했던 또 다른 일이 이루어지지 않은 것에 대한 아쉬움 말이다. '지속될 때 즐겨라'라는 격언은 모든 일이 잘 되고 있을 때 덴마크 사람들이 흔히 듣는 이야기이다. 마치 좋은 것은 늘 지속되는 것이 아니라는 것, 그리고 좋은 것의 동전 뒤에는 항상 어두움의 이면이 존재한다는 것을 끊임없이 상기시키기라도 하듯이 말이다. 북유럽에는 확실히 어떤 우울한 기운이 있어서, 사람들이 이 분위기를 접한다면 '행복'이라는 단어를 첫 번째로 떠올리지는 않을 것이다.

그럼에도 불구하고 OECD에서는 지속적으로 덴마크를 가장 행복한 나라로 뽑고 있다. UN에서 발행하는 세계행복보고서(World Happiness Report)에 따르면, 이 보고서가 발행되기 시작한 때부터 지금까지 덴마크가 네 번 중 세 번은 1등을 차지했다고 한다. 그뿐만 아니라 덴마크를 가장 행복한 나라로 꼽는 다른 여러 행복 보고서들도 존재한다. 친절하지 않은 날씨와 조용한 북유럽 사람들의 성격에도 불구하고, 나는 이 결과에 사실상 근거가 있다고 생각한다.

높은 수준의 행복을 확실하게 뒷받침할 수 있는 근거 중 하나는 복지 시스템이다. 모든 북유럽 국가에 존재하는 이 복지 시스템은 모든 시민들에게 의료, 교육, 연금과 실업급여의 혜택을 제공한다. 이 제도는 사람들이 극심한 수준의 가난이나 극도의 고통에 시달리는 시점에 다다르기 전에 사회적 안전망을 제공한다. 만약 당신이 덴마크에서 심각한 병에 걸렸다는 진단을 받는다면, 최소한 다른 나라에 있는 것보다는 훨씬 더 나은 삶을 보장 받을 것이다. 물론 이 이야기를 하는 순간 덴마크 사람들은 곧바로 이 의료 서비스가 얼마나 완벽함과는 거리가 먼 것인지에 대해 말할 테지만, 최소한 비용이 무료이고 당신을 도와주어야 할 의무가 있는 서비스이다. 그리고 이 복지 시스템은 아이를 부양하는 데 있어서 어려움을 겪고 있는 편부모를 즉각 도와줄 것이고, 일자리를 찾는 동안 실업 상태에 놓여 있는 사람들에게 도움을 준다. 다시 말하면, 삶을 살면서 일어나는 여러 가지 상실 — 건강을 잃거나, 직업을 잃거나, 배우자를 잃거나 — 하는 일이 북유럽에서 생긴다는 것은 다른 나라에서처럼 생이 완전히 나락으로 떨어지거나 변화시킬 만큼 큰일이 되지는 않는다는 것을 뜻한다. 보통의 근로자는 아마 덴마크에서보다 미국이나 한국에서 더 행복할 수 있겠지만, 만약 직장을 잃는 상황이 발생한다면 덴마크에서의 상황이 다른 국가에서보다는 훨씬 나을 수 있다는 것이다.

하지만 수준 높은 복지 시스템이 행복을 설명할 수 있는 모든 척도가 되는 것은 물론 아니다. 높은 행복 수준을 뒷받침 하는 근거로 또 하나의 대답은 북유럽 사람들의 사고방식을 들 수 있다. 전통적으로 우리는 다른 사람들과 함께 하는 것에 많은 시간을 할애하고, 커피나 맛있는 것을 함께 먹으며 아늑한 시간을 함께 보내는 '휘게(hygge)[1]' 라고 부르는 문화를 소중하게 여긴다. 덕분에 부모가 모두 일을 하는 맞벌이 가정이 대부분임에도 불구하고 가족은 매우 가깝게 연결되어 있다. 이미 많은 연구조사에서 진정으로 행복하기 위해서는 다른 사람들과 보내는 시간이 중요하다는 것을 설명하고 있다. 그리고 많은 덴마크의 아이들은 아주 어려서부터 이 가치를 저절로 배운다. 서로 나이가 다르고 공통점이 없어 보여도 다른 아이들과 어울리면서 큰 갈등 없이 무언가를 해결해나가고 만드는 것 자체가 교훈을 준다는 것을 의

---

1 덴마크어로 편안함, 따뜻함, 안락함 등을 뜻하는 말로, 다른 사람과 평화롭고 아늑한 위로의 시간을 보내거나, 혹은 혼자 여유롭고 평온한 시간을 보내며 모든 인생의 긴장을 늦추는 모멘텀이다. 북유럽 특유의 정서이면서 생활 속'행복'과 밀접하게 연결되어 있다.

식하지 않아도 알게 되는 것이다.

그리고 앞서 덴마크 사람들은 자신의 성취에 대해 겸손하고 언제나 닥쳐올 나쁜 일에 대비하며 산다는 말을 기억하는가? 이런 성향은 우리를 조금 안전하지 않고 가끔은 비관적이라고 느끼게도 하지만, 때때로 이것은 우리를 생존하게 하는 어떤 중요한 메커니즘과도 같다. 예를 들어, '네가 원하는 무엇이든 노력하면 될 수 있다'고 말하는 아메리칸 드림과 덴마크를 비교한다면, 덴마크에서는 적게 가지고도 살아갈 수 있는 법을 배운다. 우리는 최고의 것을 소망하기보다는 최악의 상황을 대비하려고 늘 준비한다. 그런데 실제로 이렇게 행동할 때, 정말 긍정적인 방법으로 놀라게 되는 일이 발생할지도 모른다. 덴마크 사람들은 원하는 대로 무엇이든 될 수 있다고 생각하다가 잘 되지 않아서 계속 실망하고 좌절하는 것을 반복하기보다 작게 성취하더라도 감사하는 법을 배운다. 왜냐하면 그들은 결코 많은 것을 기대하지 않기 때문이다.

Debbie

덴마크 사람들이 말하는 좋은 삶의 질은 꼭 큰 집이나 큰 자동차, 큰 냉장고가 대변하지는 않는다. 사람들이 한 번 더 쳐다봐줄 만한 대학졸업장이나 대기업, 전문직의 명함도 1순위에 들어가지는 않는 듯하다. 그들에게 있어서 좋은 삶의 질이란 일과 삶이 균형을 이루어서 가족, 친구들과의 시간, 취미를 즐길 수 있는 시간이 보장되는 것을 말한다. 그렇다고 일을 등한시 하거나, 소홀히 한다고 생각하면 안 된다. 안전하고 풍요로운 나라가 그냥 건설되는 것은 결코 아니며 공기업이든 사기업이든 구분하지 않고 목표 달성 숫자가 명확히 적혀 있고 숫자로 실력을 증명해야 하는 것은 어디나 마찬가지다. 실적을 맞추지 못하고 능력을 입증하지 못한다고 느끼면 해고를 하는 것도 자유로운 분위기인데, 이것은 국가가 실업급여를 충당해주는 '플렉시큐러티(flexecurity)'라는 고용 모델이 있기 때문이다. 대개가 스스로의 일은 처음부터 끝까지 책임지는 방식으로 무척 자율적으로 일하고, 윗사람에게 맞추기 위해 하는 일도 거의 없어 불필요한 시간과 에너지를 대폭 줄일 수가 있는 것이 장점이다.

북유럽의 디자인에 과하고 화려한 장식이 없는 것과 마찬가지로 일터에서도 그것과 비슷한 느낌을 받는다. 일에서의 미니멀리즘. 불필요하게 장식을 덧붙이느라 시간을 소모하지 않고 기능성과 실용성을 더하는 것 말이다. 서로 신뢰하지 않으면 이루기 어려운 작업 환경이다. '나는 당신을 믿어요'라는 미소를 동반한 신뢰의 눈빛은 일터에서 중요한 요소가 된다. 모든 계획은 아주 일찍부터 미리 세워져 다급하게 서둘러야 하거나 마감 시한을 맞추기 위해 질이 떨어지는 일을 빨리 해내야 하는 일도 없으니, 상대적으로 일터의 분위기는 평화롭고 느긋해 보인다. 나는 아주 어릴 때부터 '벼락치기'가 잘 통하지 않던 아이였다. 계획은 몇 년 전부터 세우고, 숙제가 생기면 먼저 해놓고 시간을 버는 것을 좋아했다. 사회에 나와도 그렇게 할 수 있을 줄 알았는데, 사회가 돌아가는 방식은 내가 하는 방식과 너무 달라서 계속 마음속에 갈등과 어려움이 있었다. 그래도 신기한 것은 벼락치기를 하고, 밤을 새워도 끄떡없이 해내는 한국인의 능력이었다. 그 시간의 패턴에 나를 맞추기가 그리도 힘들었는데, 덴마크 사회는 나와 같은 시간의 구조를 가져서 더없이 반가웠고 일을 해내기가 훨씬 수월했다. 평화로워 보이지만 백조의 발 아래 감춰진, 열심히 보이지 않게 헤엄을 치고 있는 모습은 그들도 마찬가지이다.

마쿠스의 말대로 덴마크 사람들은 대체적으로 내향적인 성품을 가지고 있다. 나는 주로 CEO나 해외 마케터, 세일즈 매니저, 혹은 정치인이나 외교인과 같은 외향적인 성격을 가질 만한 사람들을 많이 만났는데, 그들에게서조차 내향성을 느꼈으니 말이다. 여기서 내향적이라는 것은 혼자 있는 것을 좋아하는 그런 성향을 의미하는 것도 아니고 말수가 없는 것을 뜻하지도 않는다. 그들은 함께 하는 것을 좋아하고 스토리텔러가 따로 없을 만큼 많은 대화를 즐긴다. 항상 나를 크게 웃게 만드는 유머도 잊지 않는다. 하지만 나는 그들이 내향적이라고 느끼는데, 그건 뭐라 설명하기 어려운 성숙함, 과장되지 않은 움직임, 나직한 배려의 말투, 생각의 깊이에서 오는 어떤 것이다. 그리고 그들은 마쿠스의 말대로 대체적으로 겸손하다. 내가 사랑하는 그들의 모습 중 하나이기도 하다. 그런데 그 겸손은 대체적으로 건강한 자존감 위에 이루어져 있다. 자존감이 없는 겸손함은 자기 비하가 될 수 있는데, 나는 그들에게서 건강한 겸손함을 본다. 한번은 덴마크에서 온 비즈니스 대표단들과 함께 외부 세일즈 교육을 받은 적이 있는데, 너무 공격적인 세일즈 방식을 지향하는 교육이어서 끝난 뒤에는 모두 혀를 내두르며 이건 확실히 덴마크적이지 않다고 말하기도 했다. 외향적인 사람들이 압도적으로 많아서 내향적인 사람으로 살아가기가 어려운 미국 같은 나라에서는 내향인들이 오히려 세상을 움직인다는 사실을 항변하는 수잔 케인(Susan Cain)의 『콰이어트(Quiet)』와 같은 책이 등장했지만 여기는 별로 그럴 일이 없다. 대화를 하거나 토론을 할 때에도 공격적이거나 지나치게 큰 소리를 내는 사람이 없다. 어릴 때부터 말하는 교육을 자연스럽게 받아 온 이들은 언성을 높이지 않아도 자신의 생각을 효과적으로 전달하며, 자신의 말을 차분하고 논리적으로 전개하는 편이다. 처음 보는 사람에게 굳이 말을 걸려고 애쓰지 않는 그들의 성향은 어쩌면 나의 성격과 비슷해서 더 편안함을 느끼게 했는지도 모른다. 지나치게 외향적이거나 큰 소리를 내서 웃는 것만이 긍정성을 보장하는 것은 아니다. 이들의 휘게 정신도 전적으로 차분하고 아늑한 분위기에서 소수의 사람들과 깊게 연결되는 것을 근간으로 하는데, 이것이 긍정적인 사람들의 특징이라는 보고도 있다. 다수의 사람들과 시끄럽고 얕게 연결되는 것보다 소수이지만 조용하고 깊게 연결되는 것이 심리적으로 훨씬 큰 안정감과 행복을 준다고 한다.

긍정심리학의 아버지인 마틴 셀리그만(Martin Seligman)의 연구에서는 국가별로 2,000명 이상의 성인에게 다음의 표에 보이는 웰빙 항목을 제시하여 국민이 얼마나 다면적으로 행복한지를 측정하고 각 국가에서 가장 행복한 사람들의 비율을 산출했는데 그 결과도 덴마크

긍정 정서	모든 것을 고려할 때 나는 얼마나 행복한가?
몰입, 흥미	나는 새로운 것을 배우기를 좋아한다.
의미, 목적	나는 대체로 소중하고 가치 있는 일을 하며 살아간다.
자존감	나는 나 자신에 대해 대체로 매우 긍정적이다.
낙관성	나는 나의 미래에 대해 언제나 낙관적이다.
회복력	삶에서 문제가 생길 때 나는 예전 상태로 돌아오는 데 대체로 오랜 시간이 걸린다. (반대로 대답할 경우 회복력이 더 높다)
긍정 관계	나에게 진심으로 관심을 기울이는 사람들이 있다.

『마틴 셀리그만의 긍정심리학』 P.42 중

가 1위였다. 덴마크는 '최상의 행복감(flourishing)'을 가진 국민이 전체의 33%였고, 영국은 그 절반인 18%, 최하위는 러시아로 6%였다. 덴마크는 국가적 행복지수뿐만 아니라 개인적인 행복지수 또한 가장 높았다. 겉으로 보기에 그리 행복할 이유가 없어 보이는 사람들의 내면은 건강하고 탄탄한 긍정성으로 잘 짜여있다는 이야기였다. 그것이 이들의 양육 방법이 이루어 놓은 유산과 같은 것이 아닌가 하는 생각을 했다. 세계행복보고서에서 말하는 국가적인 행복지수의 평가항목은 1인당 국민소득, 사회적 지지, 건강한 기대 수명, 원하는 삶을 선택하는 자유, 관용, 부패에 대한 인식, 디스토피아(dystopia)[2] 성향, 기타 등이다. 이 객관적인 평가항목에서도 가장 우수한 평가를 받은 나라의 시닌들이 개인적인 긍정 정서 연구 결과에서도 세계에서 가장 높은 점수를 받았으니, 개인과 국가 모두가 균형적으로 행복을 말해주고는 있지만 늘 33%보다는 더 많은 사람들이 그렇지 않다고 느끼기도 하니 양쪽을 모두 고려해야 하는 것은 물론이다. 선진국은 보통 두 가지로 이루어진다고들 말한다. 풍요로움과 건강함. 이 중 건강함이 의미하는 것이 바로 사고의 건강함인데, 나는 덴마크인들에게서 바로 그것을 발견하였고, 그래서 이들과 대화를 할 때 더없이 행복해지는 것을 느끼곤 했다. 『덴마크식 양육법』을 쓴 이벤과 제시카는 어둡고 추운 날씨가 1년의 많은 시간을 차지하는 이 작은 나라 사람들의 긍정 정서 지수가 세계에서 가장 높고 지난 40년 동안 세계에서 가장 행복한 나라로 계속 선정되는 비밀은 바로 '양육'에 있다고 말한다. 민주적인 가정을 경험하고, 어두운 세상을 탓하기보다는 자신의 대처방법을 돌아보고, 말하는 법을 긍정적으로 재구성하는(reframing) 방법을 익힌다. 또한 진정한 자기 자신으로 살아가기 위해 정직할 것을 배우고, 스토

2 유토피아(utopia)의 반대어로 역(逆)유토피아라고도 한다.

리를 듣고 말하는 것을 통해서 최대한 다양한 감정을 익혀 공감능력을 얻는 것 등이 그것이다. 이러한 것들은 고스란히 아이가 어른이 되어 사회를 만드는 데에 많은 영향을 준다. 즉, 가정의 특징이 곧 사회의 특징이 되는 것이다. 내가 경험한 그들의 가정과 사회 역시 그랬다. 그들은 일관성을 갖추고 되도록이면 균형적이고 현명하게 살아가기 위해 애쓴다. 비즈니스 미팅을 위해 만났던 많은 덴마크 사람들은 그들의 가족까지도 스스럼없이 내게 소개해주었고, 그래서 나는 그들의 사무실뿐만 아니라 그들의 거실, 부엌과 놀이터까지 경험할 수 있었다. 일과 가족 사이를 지나치게 구분하지 않고 집을 사랑하는 그들의 문화 덕분이었다. 내가 만났던 수많은 글로벌 스타트업들의 사무실도 자신의 작은 집이나 아파트인 경우가 많았는데, 그들의 꿈은 결코 작지 않은 세계로의 확장이었다. 그렇게 기어 다니는 아이들을 옆에 두고 집에서 창업을 시작한 엄마나 아빠가 십수 년이 흘러 글로벌 기업의 CEO가 되어 만나게 되는 일도 있었다. 이제는 어디에서든 초연결의 시대에 살고 있어 근무지에 대한 의식이 점점 희박해져 가고 있지만, 나는 한참 전부터 일과 가정의 균형을 위해 유연하게 근무하는 그들의 모습을 보았던 것이다. 사무실이란 꼭 네모 반듯하게 사람들이 선호하는 지역에 있어야 하는 것이 아니라 어디에서든 가치를 창출해서 고객에게 전달하면 된다는 생각이다. 미팅은 화상회의를 통해서 어디서든 할 수 있는데, 가끔 세계 곳곳에 흩어져 있는 동료, 파트너들과 화상회의를 하다 보면 집에 있는 고양이가 컴퓨터 위로 올라오거나, 아이들에게 잠시 달려나가야 하는 상황들이 이미 글로벌 근무환경에서는 너무나 익숙하다. 이는 맞벌이 가정이지만 가족끼리 서로 깊게 연결되고 많은 시간을 같이 보내기 위한 최적의 구조를 만들 수 있는 사고와 생활패턴에서 나온다. 물론 꼭 현장을 지켜야 하는 직업도 무수히 많기 때문에 같은 것을 적용할 수는 없지만, 일터라는 공간에 대해 유연한 사고가 가능해진 세상에 살게된 것은 사실이다.

살다 보면 꼭 사무실이나 일터에 나가서 일할 수 없는 상황이 생긴다. 일단 아이가 태어나게 되는 상황이 가장 그러하고, 아이들을 조금 키웠나 싶으면 병든 부모님 혹은 가족 중 누군가를 간호해야 하는 일도 생기고, 자신이 아픈 일도 생기며 그 밖에도 수많은 개인적인 일들이 발생한다. 그건 거의 누구에게나 예외 없이 일어나는 일인데, 그런 이유로 사무실에 나갈 수 없어 직장을 그만두어야 한다면 복지 시스템마저 되어 있지 않은 나라에서는 정말 난감한 상황이 발생한다. 개인의 삶의 질이 바닥으로 곤두박질치는 것이다. 북유럽은 일을 하지 않아도 일정 기간 동안은 급여가 상당 수준 보장되는 복지 시스템을 갖추고 있는데도 이와 같은 일련의 일들을 잘 껴안으면서도 일을 계속해나갈 수 있게 유연함을 발휘하려고 애를 쓰는 모습이다. 나는 북유럽에 본사를 둔 다국적기업에서도 일한 적이 있는데, 그때는 완벽히 사무실이라는 것이 없었다. 서울에 있는 나의 집이 사무실이었지만 나의 생활 반경은 전 세계였다. 해외에서 보내는 시간이 절대적으로 많아서 사무실이라는 것 자체가 무의미하기도 했고, 사무실뿐만 아니라 출퇴근 시간도 아무도 정해주지 않았다. 사무실에 출근하는 것보다 일을 덜 할 것 같이 느껴지지만 오히려 나의 근무 시간은 컴퓨터를 켜는 아침 6시 반부터 시작되었고, 주말이나 밤 같은 것에 구분이 없었다. 아무도 나를 모니터하거나 지시하지 않지만 실은 보통의 직장인들보다 훨씬 많은 시간을 일하는 셈이라고 짐짓 투덜거리면서도 아이들을 양육하면서 할 수 있는 최적의 시스템인 것은 부인할 수 없었다. 아이들을 돌보아야 하는 어떠한 순간에도 한쪽 뇌는 정신을 차리고 컴퓨터를 붙잡고 있었고, 요리를 하면서 음식을 익히는 동안에도 이메일을 얼마든지 쓸 수 있었다. 그리고 내가 집중해서 아이들에게만 관심을 쏟을 수 없는 상황이더라도 왠지 아이들은 엄마와 함께 있다는 것에 안정감을 느끼고 있는 듯했다. 북유럽 사람들에게 '집'이란 많은 역할이 담겨 있는 곳이어서, 자신의 일을 하는 사무실이기도 하고, 가족과 따뜻한 시간을 보내는 집이기도 하며, 친구들과 우정의 시간을 나누는 카페이기도 하다. 그런 방식으로 육아와 일을 병행하면서도 자신의 무대는 전 세계에 두는 라이프스타일을 오랜 시간 북유럽의 곳곳에서 보고 실제로 경험하는 것은 나에게 큰 영감을 주었고, 지금의 내 라이프스타일을 스스로 만들어내는 데에 실은 지대한 영향을 끼쳤다. 지금도 덴마크를 방문하면 나는 주로 레스토랑이나 미팅 장소가 아닌 그들의 집으로 간다. 그러면 그들은 데비가 오는 날이 바로 크리스마스라며 뛸 듯이 반갑게 맞아주고 성대한 만찬을 준비해, 내가 이들을 비즈니스로 만나는 건지 친구로 만나는 건지 혹은 가족으로 만나는 건지 알 수 없을 정도로 휘겔리(hyggelig)한 파티가 벌어진다.

행복의 필요조건을 모두가 보장받는 복지국가를 만들기 위해 그들이 감수하며 내는 높은 세율의 세금, 이 또한 튼튼한 사고구조가 뒷받침 되지 않으면 결코 어렵다는 것을 나는 늘 느꼈다. 다른 사람들과 함께 행복을 나누기 위해 나의 소득의 많은 부분을 나라에 낸다는 것은 정부와 국민 사이의 신뢰, 그리고 개인과 개인 사이의 신뢰, 그것을 하나의 가치로 여기는 세금에 대한 태도가 없으면 어려운 일인 것은 너무나 당연한 일이기 때문이다. 이들과 만나면 늘 세금에 대한 우스갯소리나 농담이 오가곤 하지만, 그것에 대해 큰 불만을 가지는 이들은 그리 많이 만나보지 못했다. 세금을 정말 많이 내야 할 만큼 부자인 사람들은 보통 그 나라를 떠난다는 이야기나, 세금을 적게 내고 싶은 소망은 자신의 소망 리스트에 여덟, 아홉 번째를 차지할 것이라고 농담처럼 말하기도 한다. 자신은 많이 갖고 행복하지만 다른 사람들은 그렇지 않아 불행하다면, 다른 사람들의 불행을 매일 봐야 하는 스트레스를 갖고 사는 것보다는 자신이 적당히 갖고 다른 사람들도 같이 행복한 것이 더 낫다고 백이면 백 나에게 이야기했었다. 그 신뢰의 수준에 내가 다소 놀라는 표정을 보이면, 교과서에서나 보았던 이런 말이 돌아올 뿐이다.

"우리가 우리 정부를 믿어주지 않으면 대체 어느 나라 사람들이 믿어준다는 건가요? 신뢰야말로 우리가 가진 사회적 자본이거든요."

덴마크 사람들은 마쿠스의 말대로 자기 자신의 업적을 과시하거나 내세우는 법이 별로 없어서 대화가 평화롭다. 그건 아마도 그들의 정서 밑바탕에 잔잔히 흐르는 무의식과도 같은 것일지 모른다. 그들은 보여주기 위한 허례허식도 별로 없어서 상대가 얼마나 편안함을 느끼는지 모른다. 많은 것을 기대하지 않고 지금 주어진 것에 감사하는, 현실에 대한 '낮은 기대감'은 나의 생각을 거꾸로 돌려 행복감을 느끼게 한다. 덴마크 사람들과 함께 하면서 늘 느끼는 것은 무엇을 해도 작고 소박한 것에 만족해서 그들을 기쁘게 하기도 쉽고 만날 때 부담이 없다는 점이다. 물론 작은 것을 추구한다고는 하지만 전 세계 어느 곳보다도 세련되고 아름다운 환경 속에서 인간답게 살아가고 있는 나라인 것만은 부인할 수 없다. 낮은 기대감으로 인한 행복은 더 발전하는 것을 꿈꾸지 않고 '만족주의'로만 살아갈 가능성도 있어서 가끔 주의가 필요하다. 여기서 내가 찾은 해법은 현실에 대해서는 기대감을 낮춰서 감사하고, 미래에는 목표에 대한 기대감을 높여서 동기를 부여하고 행복을 꿈꾸는 방법이다. 이것을 나의 첫 번째 책 『오픈 샌드위치』에서도 말한 적이 있는데, 실제로 긍정심리학에서 사용하는 방법이라는 것을 알게 되었다. 긍정심리학은 그런 생각의 방식이 자존감을 높이고 행복지수를 높이는 가장 균형 잡힌 방법이라고 설명한다. 그러면 휘게의 정서는 언제부터 시작된 것인지, 바이킹처럼 강인한 조상을 둔 덴마크에서 그런 정신세계가 어떻게 시작된 것인지 궁금해졌다. 이에 대해 마쿠스에게 물어보니 그는 이런 대답을 들려주었다.

Markus

기본적으로 북유럽의 모든 국가들은 어둡고 추운 겨울 날씨를 보내야 하기 때문에 아늑하고 따뜻한 시간을 추구하는 성향이 있다. 때문에 휘게는 오래 전부터 이미 어느 정도 존재하고 있었다고 볼 수 있다. 그중에서도 특히 덴마크는 논쟁이나 싸움을 피하고 살아있음에 감사하며 불평하거나 비난하지 않고 서로를 아껴주어야 한다는 정서가 더해져 휘게의 철학이 생겨났는데, 이것은 아마도 1864년 덴마크가 독일과의 전쟁에서 크게 패한 후 더 이상 전 세계 파워의 중심에 설 수 없다는 것을 인정하고 그 야망을 포기해야 했던 그 시점부터라고 본다. 그것이 바로 유명한 엔리코 달가스(Enriko Mylius Dalgas)의 '밖에서 잃은 것을 안에서 되찾자'는 시민운동이 생겨난 배경이며, 그 이후 덴마크를 최고의 농업국가로 만들어 낸 원동력이 되기도 했다. 그 상실감을 맛본 이후, 덴마크 사람들은 주어진 것을 가지고 불평 없이 살아가는 법을 터득하고, 너무 높은 야망을 앞세우기보다는 평화로운 나라에서 지금 살아있다는 자체만으로도 감사하며 살아가게 된 것이다. 우리에게 주어진 것이라곤 그저 서로 함께 할 수 있어 의지할 수 있다는 그 사실 하나밖에 없기 때문에 이를 최대한으로 누려야 한다는 생각이다. 서로 싸우고 논쟁하면서 소중한 시간을 흘려 보내는 것이 아니라, 긴 겨울을 우리가 할 수 있는 최선의 방법으로 현명하게 보내는 것, 바로 '함께' 하는 것 말이다.

나는 한국도 덴마크와 그리 다르지 않다고 생각한다. 늘 역사적으로 강한 주변 나라들의 위협이 있었고, 천연 자원도 많지 않으니 우리가 가진 것은 역시 함께 할 수 있는 '사람들'밖에 없다.

Debbie

나는 인생에서 겪는 상실감이나 좌절감이 때때로 큰 선생님이 된다고 믿는다. 그런 것을 겪어 본 사람은 잃어버린 것에 대한 소중함을 깨닫고, 삶에 대해 훨씬 더 감사한 마음을 가질 수 있게 되며, 그 이후 삶의 단계에서 조금 더 성장하여 내면의 성숙함과 지혜를 발휘하게 된다. 너무 승승장구만 하며 살아온 사람들은 실패하는 것을 잘 이해하지 못하고 겸손함이 없기도 해서 주변을 힘들게 하거나 한계효용 체감의 법칙에 따라 더 큰 것이 주어지지 않으면 행복을 느끼지 못하는 경우도 종종 본다. 그래서 가끔 우리에게 무언가를 잃어버리는 일이 벌어져도 분노하지 않고 그것을 성장의 기회로 삼으면 달가스의 말처럼 밖에서 잃은 것을 안에서 찾을 수 있고 어느 순간에는 최고의 수준으로 도약하게 되기도 한다.

마쿠스가 그들의 행복과 특징에 대해 겸손하게 표현했지만, 실제로 기업활동을 같이 하거나 개개인의 꿈에 대해 들으면 그리 소박하지만은 않다. 매년 주어지는 버거운 목표치와, 자신의 비즈니스를 일구기 위해 하루하루 애쓰는 모습 안에 평화로운 휘게가 공존하는 것이다. 어제보다 오늘 더 나아지기 위해 열심히 일한 시간이 있었기에 '쉼'이 있는 휘게가 달콤할 수 있다. 마쿠스는 바쁜 시간을 쪼개 이 책을 같이 쓰고 있으면서도 그 다음에 쓰고 싶은 책에 대한 이야기를 들려주었다. 나 또한 나의 다음 계획과 꿈을 장황하게 그에게 들려주었으니 과연 우리의 머리가 이걸 다 감당할 수나 있는 건지 서로 갸우뚱

하며 한참 동안 함께 웃었다. 우리 모두는 다가올 날들에 대한 꿈을 가지고 있다. 그런데 지금 가지고 있는 것만으로도 충분히 감사하는 마음을 함께 가질 때 그 꿈도 이루어질 가능성이 커진다. 어떤 이도 지나치게 불행한 나락으로 떨어지거나 낙오하지 않도록 살펴보고 함께 가야 한다는 마음과 함께 말이다.

한번은 한국 친구가 덴마크의 유치원에서 하는 발표회에 다녀와서 놀란 이야기를 나에게 들려준 적이 있었다. 유치원 아이들이 올망졸망 무대에 서서 노래와 춤을 선보이려고 하는데, 한 아이가 너무나 떨리고 무서웠던 나머지 울기 시작했단다. 한국 유치원의 발표회에서도 흔히 볼 수 있는 광경이다. 그녀가 나에게 물었다.

"이런 상황에서 한국이라면 어떻게 했을 것 같아요?"

나는 대답했다.

"아마 선생님이 그 아이를 안고 내려왔겠죠. 보통 그렇지 않나요? 다른 아이들이 발표를 잘할 수 있게 말이죠."

그녀가 말했다.

"맞아요. 아마도 그랬겠죠. 저도 그렇게 생각했어요. 그런데 내가 정말 다른 종류의 사고를 하고 있다는 것을 곧 알게 되고 말았어요. 그 덴마크의 유치원은 울고 있는 아이의 엄마, 아빠를 무대 위로 부르더니 아이의 손을 양쪽에서 잡고 두려움을 극복할 수 있게끔 지지해주면서 그 아이도 다른 아이들과 함께 똑같이 발표할 수 있게 울음이 그치기를 기다려주고 응원해주는 게 아니겠어요. 그 아이의 엄마, 아빠도 전혀 부끄러워하거나 당황하지 않고 아이의 손을 잡고 격려자의 역할로 무대 위에 서서 같이 노래를 불렀어요. 멋진 발표를 해서 잘했다는 평가를 듣는 것이 아니라 한 명도 낙오하지 않고 함께 갈 수 있게끔 도와주는 것이 잘된 발표회인 거예요. 성공적인 발표회의 의미가 우리가 생각하는 것과 너무 달랐어요."

내가 언젠가 덴마크의 학교 호이스콜레(Højskole)에서 본 발표 모습과도 비슷한 구석이 있어서 머릿속에서 그 장면이 겹쳐져 떠올랐다. 다국적의 학생들이 모여 자신의 문화에 대한 자료를 보여주면서 발표를 하는 시간이었는데, 발표자 옆에 마치 결혼식의 들러리처럼 다른 학생 서너 명이 같이 서있었다. 무대에서 발표를 하는 것은 누구에게나 떨리는 일인데 이때 혼자 있지 않고 옆에 친구들이 함께 지지하고 있다는 것을 알려주는 것이었다. 발표를 하다 보면 잠시 말이 유창하게 나오지 않을 때도 있고, 설명하기 어려운 질문을 받을 때도 있는데 그때마다 옆에 선 지지자들이 함께 도와주었다. 내가 못하면 그 사회에서 제거되는 경험을 한 아이와, 좀 떨리고 힘든 상황을 겪어도 격려와 지지 속에서 끝까지 해냈던 성공의 경험을 한 아이의 자존감은 다를 수밖에 없을 거라는 생각이 들었다.

나의 아들이 나에게 기러기에 대한 이야기를 들려준 적이 있다.

"엄마, 기러기는 정말 위대한 새라는 생각이 들지 않아요?"

"그래? 어떤 면에서 그럴까?"

"기러기는 무리를 지어서 목적지에 다다를 때까지 수백 킬로미터를 날아가잖아요. 이때는 우두머리가 가장 힘들어요. 우두머리가 하는 역할은 앞에서 바람을 헤쳐나가서 뒤에 따라오는 기러기들이 맞바람 때문에 힘들지 않도록 하는 것이니까요. 그런데 날아가는 무리 안에 있는 기러기들이 전부 능력이 같지 않거든요. 나이든 기러기도 있고, 암컷 기러기도 있고, 어린 기러기도 있어요. 그래서 날아가다가 너무 지치거나 힘든 기러기들은 저절로 떨어져서 죽기도 하거든요. 그런데 이런 일이 발생할 때 좀 더 힘이 센 기러기들이 그 지친 기러기들을 업고 같이 날아가요. 물론 다 그렇게 하기는 힘드니까 어쩔 수 없이 떨어지는 기러기들이 생기기는 하지만요. 우두머리 기러기는 옆에 있는 기러기를 업고 가지는 못해요. 바람을 헤쳐나가면서 방향과 길을 만드는 일이 매우 힘들고 중요한 일이라서 지친 기러기를 업고 가는 일은 뒤에 있는 기러기들이 해야 하는 거죠. 그래서 날아가는 모양도 늘 삼각형을 유지하는 거예요. 그게 바람을 잘 타고 갈 수 있는 최적의 모양이거든요. 우리는 새가 보통 머리가 나쁘다고 생각하는데 절대 그렇지가 않아요."

서로 다른 능력을 가진 기러기들이 서로를 챙겨주고 보듬어주며 목적지에 이르는 모습을 아이는 '위대하다'라고 표현하고 있었다.

내가 만난 많은 북유럽 사회의 리더들과 평범한 사람들 대다수가 대체적으로 안정된 자존감과 자신감, 자부심을 가지고 있었는데, 자기 자신의 있는 그대로의 모습으로 인정받고 지지를 받은 경험들이 쌓여 형성된 '균형 잡힌 자아상'에 가까운 게 아닐까 생각한다. 물론 생각보다 그 지점에 도달하는 일이 모두에게 쉽지는 않다. 낙오하는 사람 없이 함께 가려는 노력, 그것이 북유럽의 행복 안에 들어있는 가치 중 하나이다. 그래서인지 유아기에 건강한 자존감과 지지를 받고 있다는 안정감을 심어주기 위해서 노력하는 북유럽의 부모들이 현명하다고 여겨진다.

'학교가 창의성을 죽인다(School kills creativity)'라는 제목의 TED 강의로 유명한 켄 로빈슨(Ken Robinson) 교수는 전 세계 모든 공교육의 목표가 어찌 보면 같다고 말했다. 바로 모든 아이들을 교수로 만들려는 듯한 교육, 학문적인 테스트에서 좋은 점수를 얻어야 우수한 아이라고 평가하는 교육을 두고 하는 말이다. 하지만 그들이 아이들에게 강요하는 교수라는 것은 그저 삶의 한 형태일 뿐 그것이 모든 아이들의 목표가 될 수는 없다고 켄 로빈슨 교수는 말한다. 그런 그의 말이 많은 사람들에게 공감을 얻어 아마 이 강의가 그렇게도 유명해졌을 것이다. 북유럽에서는 몸을 쓰는 일을 유치원 시절 달성해야 하는 최고의 목표처럼 여긴다. 전 세계 공교육의 목표처럼 보이는 것에서 조금은 비껴가는 것이 북유럽이 아닌가 한다.

한국에서는 본격적으로 성적 관리가 시작되는 학년이 되면 아이들은 스스로 스트레스를 받기 시작한다. 학교는 모든 과목의 점수를 평균으로 내서 아이들을 평가하는데 이러한 방식은 아이들이 모든 과목을 잘해야 한다는 것을 의미하기 때문에 아이들의 스트레스는 더욱 커질 수밖에 없다. 한번은 나와 비슷한 또래의 아이를 둔 학부모에게 이렇게 이야기한 적이 있다.

"세상에…. 이 모든 것을 전부 다 잘해야 한단 말인가요? 그런 아이들이 존재한다니…. 그게 정말 가능한 일인가요?"

그랬더니 이런 대답이 돌아왔다.

"그럼요. 그런 아이들이 많다고 하네요."

역시 우수한 아이들이 많은 나라다웠다. 실제로 모든 과목을 잘하는 아이들도 있지만, 보통 그런 아이들은 자라서 '제너럴리스트(generalist: 일반 관리자 혹은 전체를 아우르는 관리자)'가 되고, 특정 과목을 잘하는 아이들은 '스페셜리스트(specialist: 전문가)'가 된다는 것을 어른이 되면 알게 된다. 그리고 세상은 이 제너럴리스트와 스페셜리스트가 퍼즐을 맞춰가듯이 잘 조화를 이루며 만들어져 간다. 어른이 되어서 성공하는 사람들 중에는 정형화된 학교 시스템의 공부에서 우수하지 않았던 사람들도 많아서 가끔 사람들은 "아니, 저 친구는 학교 때 나보다 공부도 훨씬 못했는데 어떻게 저렇게 잘된 거지?"라고 질문하기도 한다. 그런데 그건 사실 별로 궁금해할 일이 아니다. 그들은 학교 시스템을 뛰어넘는 다른 재능이나 흥미 혹은 사명이 있었던 것이다.

그것을 발견한 그들은 학교 공부가 자기와 맞지 않아 지루해서 하지 않았어도, 본인에게 맞는 공부나 흥미를 느끼는 분야에서는 상상을 뛰어넘는 몰입과 노력을 한다. 그러면 어느 순간 성공을 이루게 되는 것이다. 우리가 어릴 적 읽었던 동화『여우와 두루미』처럼 여우는 둥그렇고 납작한 접시에 음식을 담아주어야 먹을 수 있고 두루미는 길고 좁은 병에 음식을 담아주어야 먹을 수 있다. 타고난 재능이 다른데 모든 아이들에게 납작한 접시에서 음식을 먹는 테스트를 하면 두루미 유형의 아이들은 음식을 한 입도 먹지 못하고 자신을 원망하다가 우울함에 빠져 인생을 허비하게 되기도 한다. 뾰족한 재능을 가졌든 둥그런 재능을 가졌든 모두가 세상에 공헌할 몫이 있는데도 말이다. 여기서 중요한 것은 이 과정에서 두루미는 자신의 뾰족한 입을 탓하며 자신감을 잃게 된다는 것이다. "모든 사람은 천재다. 하지만 나무에 오르는 능력으로 물고기를 평가한다면, 물고기는 평생 자기가 바보라고 믿으면서 살 수밖에 없다"라는 아이슈타인(Einstein)의 말처럼 말이다. 북유럽 사람들은 이런 전 세계의 교육 흐름에서 조금 벗어나 있다. 아이가 학문적으로 우수한 사람으로 성장하는 것이 학교나 가정의 목표가 아니고, 자기가 하고 싶은 일을 찾게 하고 실제로 그것을 공부할 수 있게 해주는 것이 교육이라고 믿는다. 그리고 그것이 행복으로 이어진다는 게 그들의 생각이다. 진정으로 학문적인 커리어를 추구하는 사람들은 대학에 가지만, 직장에 취업을 하거나 자기 자신의 비즈니스를 일으키려는 사람들은 보통 비즈니스 스쿨에 진학한다. 그래서 내가 만난 많은 북유럽의 CEO들은 대학을 나오지 않았다고 내게 말했는데, 그건 고등학교 졸업 후 대학에 진학하는 것을 택하지 않고 비즈니스 스쿨에 갔기 때문이다. 그들은 하고 싶지 않은 일을 하면서 다른 곳에서 행복을 찾는 것은 어려운 일이라며, 하고 싶은 일을 하는 것은 삶의 가장 기본적인 행복의 구조를 형성하는 요인이라고 내 귀에 못이 박히도록 말했다. 자신과 맞지 않는 일을 하면 보통 주말만을 바라보며 살게 된다고 하지 않는가.

"당신이 너무나도 하고 싶은 일을 하기 시작하는 순간, 당신의 인생에서 '일'이라는 것은 더 이상 존재하지 않게 된다"라는 말도 있듯이, 자신이 원하는 삶을 선택할 수 있는 자유는 자신의 행복지수를 올리는 첫걸음이 된다. 그리고 덴마크 사람들은 덴마크가 그 자유와 기회가 비교적 동등하게 주어지는 사회라서 행복한 것이라고 입을 모아 말했다.

한국에 돌아와서 시니어들을 만나면, 원래 자신이 하고 싶었던 꿈에 대한 이야기가 항상 나온다. 원래는 오케스트라의 지휘자가 되고 싶었는데, 사회에서 필요하고 부모님이 원하셔서 엔지니어가 되었다는 분, 어릴 때는 화가가 되고 싶었는데 주변에서 변호사가 되라고 하는 바람에 법 공부를 했다는 분…. 그분들은 내게 이렇게 말한다.

"우리 때는 그냥 그렇게 했어야 했어요."

그리고 대학생이나 젊은이들을 만나면 또 이런 이야기가 가끔 나온다.

"지금 전공하는 과목이요? 그냥 점수에 맞는 학과라서 들어온 건데요. 정말 가고 싶은 학과가 있었지만 그렇게 되면 대학 이름을 낮춰야 해서 어쩔 수 없이 여기로 온 거죠. 앞으로 살아갈 때 대학 이름이 훨씬 더 중요하다고 해서요."

혹은 자신의 소신대로 학과를 선택했다는 친구들은 이런 말을 한다.

"제가 좋아서 선택하긴 했지만요…. 아직도 부모님이 걱정하시고 주변에서도 걱정이 많죠. 그런 학과 나와서 어디 밥벌이 제대로 하겠냐고요…."

반세기가 흘러도 달라진 것이 많지는 않은 것 같다. 비단 한국뿐 아니라 세계 어디를 가도 이런 딜레마는 존재하고, 영원히 풀어가야 할 숙제와 같은 일이다. 예를 들어, 싱가포르나 홍콩에서 온 친구들도 역시 비슷한 과정이 반복된다. 자신의 아이가 어떤 재능을 가지고 있더라도, 결국 그곳에서 직업을 가질 수 있는 일은 금융이나 무역과 같은 일이라서 어떻게든 아이를 설득해서 그 방향으로 공부를 하고 직업을 갖게끔 하는 게 일반적인 일이라고 했다. 아내가 최근 피아노 선생님으로서 커리어를 새롭게 시작했다는 한 싱가포르 동료는 자신의 아내 역시 기업에서 재무와 마케팅 업무를 오래 했었는데 마음 속 깊이 피아노의 꿈을 놓지 못했고 이제라도 용기 있게 그 일을 시작했다는 이야기를 나에게 들려주기도 했다. 여우는 여우로 인정해주고, 두루미는 두루미로 인정해줄 수 있는 마음가짐, 물고기와 원숭이는 각자의 재능과 터전이 있다는 것을 존중해줄 수 있는 마음가짐을 가진다면 세상은 한결 나아질 수 있을 것만 같다. 하나의 잣대로 사람을 평가하려고 하지 않는 곳, 그래서 덴마크는 스스로 행복하다고 말할 수 있는 것이 아닐까.

두 바퀴 위의 행복

Markus

나에게는 봄의 의식이 있다. 그건 바로 우리의 자전거를 길 위에 꺼내 가동시킬 준비를 하는 일이다. 그리 시간이 많이 걸리는 일은 아닌데, 나의 아이들이 언제나 나를 도와주려고 하는 일 중 하나이기도 하다. 아이들은 내가 바퀴에 바람을 넣고 체인에 기름을 칠할 때 옆에서 일을 돕는다. 나는 오래된 칫솔로 체인과 기어를 닦고, 아이들에게도 역시 칫솔과 물이 든 플라스틱 통 하나씩을 주고 자신의 자전거를 청소하게끔 한다. 얼마 가지 않아서 아이들의 집중력은 떨어지고 각자 해야 하는 일을 완벽히 끝내지는 못하지만, 최소한 자전거를 청소하기 시작하는 순간 아이들은 자신의 자전거에 대한 책임감 비슷한 것을 느끼게 된다.

나는 자전거 위에서 자랐다. 코펜하겐은 자전거의 나라이다. 최소한 인구의 1/5은 매일 자전거를 탄다. 그들은 자전거를 타고 학

교에 가고, 직장에 가며, 쇼핑을 하고, 저녁에 친구들과의 약속에 나간다. 그리고 많은 부모들이 수레가 달린 화물 자전거에 아이들을 태우고 학교에 등하교를 시킨다. 자전거 위에 올라타는 느낌, 바람에 머리를 휘날리며 자전거의 페달을 밟는 그 행복감이 내 유년기의 중심에 있다. 그리고 나는 그 느낌을 나의 아이들도 똑같이 갖기를 바란다. 쌍둥이는 아직 자전거 페달을 밟기에는 너무 어려서 밸런스바이크(balance bike)를 사주었다. 밸런스바이크은 페달이 아니라 자신의 발로 속도를 조절하는 자전거로 균형감이 진짜 자전거와 거의 비슷하다. 덕분에 나중에 진짜 자전거로 옮겨 가기가 쉬워 나는 아이들에게 이 자전거를 먼저 타게 한다.

Debbie

마쿠스는 서울에서도 자전거를 타고 마법사처럼 도심을 누비고 다닌다. 자전거 도로가 그리 잘 되어 있지 않음에도 불구하고 서울에 사는 사람보다 더 길을 잘 꿰뚫고 있어서 깜짝 놀랄 때가 많았다. 덴마크에서 자전거는 다른 나라에서와는 조금 다른 특별한 의미를 가지는 듯하다. 그들이 세계환경성과지수(EPI)에서마저 최상위를 독식하는 것은 두 발로 열심히 페달을 돌려서 출퇴근하는 이 나라 사람들 때문이 아닐까 하는 생각도 잠시 해본 적이 있다. 그들은 그 자체를 힘들다고 생각하지 않고 즐긴다. 나로서는 비가 오고 눈이 오는 날에 자전거를 타기란 엄두가 나지 않는 일이지만, 한 덴마크 친구는 날씨가 궂은 날에는 우비를 입고 자전거를 타고 회사에 출근해서 샤워를 하면 된다고 설명하기도 했다. 덴마크에는 고급 승용차가 집에 주차되어 있어도 자전거로 출퇴근을 하는 사람들이 상당하다. 아무리 높은 지위를 가진 사람도 자전거를 타는 것을 아무렇지 않게 생각한다는 것은 이미 잘 알려진 사실이리라. 한번은 한국에서 멋진 차를 타던 동료를 덴마크에서 다시 만난 적이 있었다. 그녀의 사무실에 들러 이야기를 나누다가 퇴근 시간이 되어 주차장으로 갔는데 그녀가 소박한 자전거 한 대를 끌고 나오는 것이 아닌가.

"아니, 너의 BMW는 어디로 간 거니?"

그녀는 씽긋 웃으며 대답했다.

"어디 있긴. 이렇게 자전거로 변신했잖아. 짜잔! 모르겠어? 우린 지금 덴마크에 와있잖니!"

그녀의 말에 우리는 한참 동안 배를 붙잡고 같이 웃었다. 그녀는 상당한 직급을 가진 정부 공무원이지만 보여지는 것에 전혀 개의치 않는다. 또 다른 덴마크 친구는 한국에서는 크고 세련된 차를 탔지만 덴마크로 돌아가면 정말 작고 오래된 차를 타곤 했다. 그는 이렇게 웃으며 말한다.

"이건 차라고 말하지 않고, 바이킹이 입는 옷이라고 말하지. 나를 이동할 장소로 데려다 주는 옷!"

바이킹만큼 덩치가 큰 사람이 작은 차를 운전하러 들어가는 모습은 정말 그렇게 보이기도 한다. 그들의 표현처럼 자전거는 정말 그들을 이동 장소로 데려다 주는 옷과 같은 느낌이다. 그래서 덴마크에서는 일찍부터 자전거 패션이 발달했다. 자전거에 대한 인식은 문화에 따라 조금씩 다른데, 『The Culture Map(문화지도)』의 저자 에린 마이어(Erin Meyer) 교수는 그녀의 책에서 덴마크와는 다르게 중국에서는

CEO가 자전거를 타고 출근하는 것이 오히려 권위와 신뢰를 떨어뜨리고 부하직원들의 자부심마저 떨어뜨린다는 분석을 이야기했다. 하지만 덴마크에서 자전거는 오히려 평등과 환경 보호의 이미지를 떠올리게 한다. 또한 양쪽 균형감과 적당한 속도감을 더해야 제대로 앞으로 나갈 수 있는 자전거는 그들의 의식과도 닮아있는 교통수단이자 스포츠라고 여겨진다. "Vikings Like Biking(바이킹은 자전거 타는 것을 좋아해)"라고 내가 늘 놀려대는 대목이기도 하다. 아이들에게도 그 기분 좋은 두 바퀴 위의 행복을 남겨주려는 마르쿠스의 노력이 보인다. 더불어 그는 아이들이 아주 어릴 때부터 자신의 자전거를 갖고 돌보는 일을 직접 하게 함으로써 소유와 책임을 알려주려고 한다. 어리다고 모든 것을 부모가 소유하고 챙겨주는 것이 아니라 인격체로서 인정해주고 스스로 할 수 있게 자유와 책임을 함께 주는 것이다.

서울에서 마르쿠스, 그리고 또 다른 덴마크 친구들과 프로젝트에 관한 미팅이 있어 카페에 모인 날이 있었다. 서로의 집 중간 즈음에 미팅 장소를 잡았는데 대중교통으로 4~5정거장은 되는 곳이라 나는 당연히 차를 운전해서 미팅 장소로 갔다. 사람들이 하나둘 도착하기 시작했고 나는 마르쿠스에게 물었다.

"자전거 타고 왔어?"

그러자 마르쿠스는 당연하듯 대답했다.

"아니 걸어왔어."

그도 나와 비슷한, 아니 조금 더 먼 거리에서 왔는데 말이다.

다른 덴마크 친구도 똑같이 말했다.

"그럼. 당연히 걸어왔지."

그녀 역시 나보다 더 먼 거리에서 온 거였다. 게다가 그녀는 아이를 유모차에 태우고 기저귀 가방이며 온갖 아이의 짐까지 든 상태였다. 그리고 그들은 합창하듯이 이렇게 말했다.

"우리는 스칸디나비아 사람들이잖아!"

그들은 두 다리를 정말 열심히 쓰는 사람들이다. 자전거 위에서, 그리고 땅 위에서 말이다. 그날 나는 우리 땅에서 한 방울도 나지 않는 기름을 소모했고 매연을 뿜었으며 내 몸에는 별로 해준 것이 없었다는 것을 깨달으며 나의 두 다리를 앞으로 열심히 더 쓰기로 마음 먹었다.

Grandma's
Pancakes

할머니의 팬케이크

밀가루 250g	*설탕 1작은술*	*오렌지 껍질 *얇게 채를 쳐서 준비한다.*
계란 4개	*우유 200ml*	*오일 1큰술*
소금 약간	*맥주 100ml*	*익히기 위한 오일과 버터*

❶ 핸드믹서를 사용해서 계란과 설탕을 섞는다.

❷ ❶에 맥주, 우유, 밀가루, 오렌지 껍질, 오일을 넣어 부드러워질 때까지 섞는다.

❸ 큰 프라이팬에 오일과 버터를 넣어 녹인 후 소리가 나기 시작하면 팬케이크를 아주 얇게 펴서 약 30초간 익힌다. 팬케이크는 프라이팬을 살짝 덮을 정도의 얇은 두께여야 한다.

❹ 팬케이크를 뒤집어서 약 30초간 더 익힌 후 꺼낸다.

❺ 다 만든 팬케이크는 접시 위에 올려놓고 타월로 덮은 후 다음 것을 익히기 시작한다.

우리 가족은 이 팬케이크를 아주 많이 먹는다. 그리고 이 팬케이크를 구울 때는 두 개의 프라이팬을 사용한다. 왜냐하면 팬케이크가 모든 사람들을 행복하게 해 주려면 높은 층으로 쌓여야 하기 때문이다. 가족들과 먹을 때는 다양한 종류의 잼과 슈가 파우더, 또는 황설탕 등과 함께 내어서 아이들이 고를 수 있도록 한다. 아이들이 함께 먹을 필링을 고르면 나는 팬케이크 위에 설탕이나 잼을 한 스푼 올려주고, 아이들이 스스로 말아서 먹을 수 있도록 한다. 이 높이 쌓인 팬케이크는 다시 오븐에 잠깐 넣어서 따뜻하게 데우면 좋다. 덴마크인들이 자주 쓰는 격언을 기억하면서 말이다. '팬케이크는 사랑과도 같다. 뜨거울 때 즐겨야 한다!'

Æggekage
(Egg Cake)

덴마크식 오믈렛

계란 6개

우유 1컵
**1컵은 200ml 정도를 말한다.*

삶은 감자 2개

토마토 2개
**네 조각으로 잘라서 준비한다.*

두꺼운 베이컨 8장 혹은 얇은 베이컨 10장

차이브(부추) 한 팩

소금과 후추 약간

익히기 위한 오일과 버터

1. 큰 볼에 우유와 계란, 소금, 후추를 넣고 섞는다.
2. 중간 사이즈의 프라이팬을 사용해서 베이컨을 바삭한 갈색이 나도록 볶는다.
3. 익힌 베이컨은 키친타월에 올려 불필요한 기름을 제거한다.
4. 프라이팬에서 기름을 반 정도 따라내 버린 후 한 입 크기로 자른 삶은 감자를 베이컨 오일에 볶는다. 토마토를 넣은 후 30초간 더 볶는다.
5. 그런 다음 계란물을 넣어서 나무 주걱으로 몇 분간 더 볶는다.
6. 약불에서 오믈렛이 익도록 몇 분간 더 둔다.
7. 단단해지면서 전체가 다 익으면 오믈렛이 완성된 것이다.

전통적인 덴마크 방식으로 팬은 테이블 위에 얹고 바삭하게 튀긴 베이컨을 오믈렛 위에 올린 뒤 차이브를 잘라서 올려 마무리한다. 나는 보통 맛있는 빵과 겨자, 그리고 그린 샐러드를 곁들이는 편이다.

SCANDI DADDY'S SUMMER

Intet er så skidt, at det ikke er godt for noget
Nothing is so bad that isn't helpful in some way.

어떤 나쁜 일도 도움이 되지 않을 만큼 나쁜 것은 없다.
- 덴마크 속담 중 -

2 여름 Summer

아이들은 놀게 하자

Markus

대부분의 덴마크 아이들처럼 나는 주로 밖에서 놀며 자랐다. 비가 오든, 눈이 오든, 혹은 어쩌다가 한 번씩 내리쬐는 한 줄기 햇빛 아래에서든 날씨와 상관없이 야외 활동을 즐겼다. 코펜하겐은 해안가에 위치해 있어 상당히 강한 바람이 부는 도시이다. 또 덴마크는 워낙 북쪽 끝에 위치해 있어서 비도 많이 오는 데다가 일년 내내 매우 어둡고 춥다. 하지만 스칸디나비아의 부모들에게 그것은 어떤 상황에서도 전혀 변명거리가 되지 않는다. 아마 이런 말만 되풀이할 지도 모른다.

"이 세상에 나쁜 날씨 같은 건 없어. 오직 잘못된 패션이 있을 뿐이지!"

덴마크 사람들이 밖에서 많은 시간을 보내려고 하는 것이 외국인들에게는 왠지 집착처럼 보일 수도 있다. 특히 날씨가 좋은 날 아이들이 집 안에 있는 것은 부모들이 거의 못 견디다시피 한다. 이런 날에는 온 가족이 아침 일찍부터 서둘러 바깥에 나가곤 하는데 혹시 그럴 수 없는 상황이라도 되면 살짝 스트레스를 받기까지 한다. 일반적으로 덴마크 사람들은 아이들이 야외에서 신체활동을 하고 맑은 공기를 마시는 것이 큰 도움이 된다고 생각한다. 그들에게 야외 활동은 그 어떤 다른 활동보다도 중요한 것이다.

이는 보육시설이나 유치원에서도 마찬가지다. 덴마크에는 일년내내 숲 속에서 활동하는 '숲 속 유치원'이 있는데, 이런 유치원은 부모들 사이에서 매우 인기가 높아서 대기자 명단이 아주 긴 편이다. 보통의 다른 유치원들도 상황은 비슷해서 작은 농장이나 마구간, 혹은 시골에 있는 작은 농장 등과 결연을 맺어 따뜻한 계절에 언제든지 아이들이 그곳에서 지낼 수 있도록 최대한의 노력을 한다. 큰아들 피터는 코펜하겐 한복판에 있는 유치원을 다녔지만, 여름이 되면 아이들은 버스를 타고 도시 북쪽에 있는 시골 농장에서 하루를 보냈다. 그때 피터는 이제 막 걷기 시작했을 때라, 알 수 없는 숲을 가게 하는 것이 조금 걱정되기도 했다. 하지만 집에 돌아온 피터가 너무나 행복해하는 것을 보고 이내 안심했고 피터를 버스에 태워 보내는 일에 익숙해지기 시작했다.

내가 이런 유치원의 커리큘럼을 한국인들에게 이야기하면 잘 믿지 않는 듯하다. 그러나 정말 이런 학교들은 2~5세 사이의 아이들을 '하.루.종.일' 밖에서 놀게 한다. 눈이 오거나 해가 들거나 비가 오는 것에 전혀 상관 없이 말이다. 유치원들은 날씨가 너무 안 좋을 때를 대비해 그때도 갈 수 있는 작은 시골집을 마련해놓기도 한다. 아이들은 나무의 밑동에 길게 줄지어 앉아 식사를 하고, 나뭇가지나 나뭇잎, 돌을 가지고 놀면서 숲 안에 자신만의 요새를 짓기도 한다.

스칸디나비아에서의 '노는 시간' 역시 외국인들에게는 조금 이상하게 보이는 것 중 하나이다. 북유럽의 많은 부모들은 자신의 아이들이 최대한 밖에서 보내는 시간이 많기를 바라고, 최대한 자유롭게 놀 수 있는 만큼 놀아야 한다고 생각한다. 누군가는 그것이 별로 중요하지 않다고 생각할지 모르나, 북유럽에서는 '자유 놀이'가 매우 중요하고 특별하다고 여긴다. 덴마크 아이들이 다른 나라의 아이들과 조금 다른 점은 아이들 스스로 만들어낼 수 있는 활동이나 자극 이외에는 다른 것이 전혀 주어지지 않은 채로 많은 시간을 친구들과 보내야 한다는 것이다. 당신이 만약 어떤 덴마크의 부모, 아이들과 함께 놀이 시간을 가진다면, 마치 맑은 공기에 대한 집착과도 비슷하게 '자유 놀이'라 불리는 것을 매우 중요하게 여긴다는 것을 금방 알아챌 수 있을 것이다.

"너의 상상력을 이용해!"

아이들이 아무것도 할 것이 없다고 불평한다면 덴마크의 부모들은 아마 이 한마디를 외칠 것이다. 그리고 "밖에 나가서 무엇을, 어떻게, 사용할 수 있을지 생각해 봐!"라는 말도 덧붙이며.

우리들에게 야외 활동은 매우 중요하다. 덴마크의 격언 중에는 잠시 멈추고 생각하는 시간을 가져야 할 때 사람들이 하는 말이 있다.

"Stik en finger I jorden(땅에 손가락을 대봐)."

자신의 본질이나 우선순위를 잊었다면, 북유럽 사람들은 당신에게 잠시 바깥에 나가서 시간을 보내면 도움이 된다고 말할 것이다.

북유럽에서는 우리가 얼마만큼 아이들을 돌보아야 하는지, 그 범위에 대한 논쟁이 지속적으로 이어졌다. 아마 나의 아이들이 어른이 되었을 때는 나보다 훨씬 더 보살핌을 많이 받은 아이들로 자라 있을 텐데, 이건 내가 나의 부모님의 세대보다 훨씬 더 많은 보

살핌을 받은 것과 마찬가지의 이치이다. 코펜하겐에서는 3대에 걸친 가족을 대상으로 설문조사 연구를 실시한 적이 있다. '당신의 아이가 혼자서 얼마나 멀리 다닐 수 있게 허락하겠는가'를 질문하고 측정하는 실험이었다. 결과는 조부모에서 젊은 부모로 갈수록 그 범위가 현저히 좁아지는 패턴을 드러냈다. 그만큼 젊은 세대일수록 안전을 더 중요하게 생각하고 바깥 세상에 대한 두려움이 많아졌다는 증거이다. 많은 부모들이 지나치게 아이를 돌보지 않거나 혹은 너무 많이 돌보아서 버릇없는 아이가 되지 않게끔 균형을 맞추는 것이 중요함을 배우며 깨닫고 있는 중이다. 자유와 안전 사이의 균형 말이다.

아이들에게 자유 놀이는 삶의 질을 높이는 중요한 시간이다. 부모들은 아이들 근처에 항상 대기 상태로 있으면서 풀어진 신발끈을 다시 묶게끔 도와주고 간식을 건네주기도 하지만, 최대한 아이들이 스스로 자신의 경계선을 만들어내고 자신에게 일어나는 일을 통제하며 결정할 수 있게끔 자유를 준다. 물론 이런 자유 놀이가 별로 좋지 않은 양육이라고 여기는 나라가 있을지도 모른다. 보통 아이들이 '논다'라고 하면 어른들이 흔히 예상할 수 있는 특정한 기술, 즉 규칙이 있는 스포츠나 악기를 다루는 것 등의 학습적인 놀이 형식이 주어져야 한다고 생각할 수도 있기 때문이다. 많은 부모들이 자신의 아이가 학교에 들어가서 앞서갈 수 있도록 유치원에 다닐 때부터 학문적인 활동을 시키려고 한다. 하지만 덴마크에서는 조금 다르다. 취학 전의 유치원 아이들에게 주어지는 시간은 신성하다고 생각한다. 그래서 사회가 요구하는 사항이나 부모의 바람 때문에 그 시간이 오염되어서는 안 된다고 믿는다. 그 시기는 아이들이 또래의 다른 아이들과 마음껏 어울려서 노는 시간이 되어야 하기에 부모는 아이가 그 시기 동안 최대한 어른의 세계와 분리된 채 많은 시간을 보낼 수 있도록 노력한다. 예전 덴마크에서는 아이가 만 7살이 되기 전에는 정식 초등학교에 입학하는 것이 허가되지 않았는데, 그 이유는 만 7살이 되기 전에 가질 수 있는 가장 중요한 활동인 자유 놀이를 그 시기까지 충분히 할 수 있도록 하기 위해서였다.

어떤 부모들에게는 자유 놀이가 조금 두려운 것일 수도 있다. 왜냐하면 아이들 스스로 놀이의 방향성을 찾아갈 수 있도록 부모는 최대한 간섭을 하지 않아야 하기 때문이다. 대부분의 북유럽 부모들은 자신의 아이들이 정말 긴 시간 동안 이 자유 놀이를 즐겨야 한다고 믿는 편이다. 다른 나라들에서는 아이들이 4~5세만 되어도 스포츠나 음악, 댄스 클래스 등에 등록하기도 한다. 하지만 스칸디나비아에서는 이것에 대한 견해가 아주 명확하다. 북유럽 부모들은 그 나이의 아이들에게는 마음껏 뛰어놀 수 있는 자연, 그리고 친구들과 관계를 맺으며 노는 것, 안전을 위해 부모가 늘 곁에 있어주는 것, 이 세 가지를 가장 중요하다고 생각한다.

나는 사실 내 자신이 아빠가 되기 전에는 이 많은 것들에 대해 그리 깊이 생각해보지 않았었다. 그런데 아빠가 되고 나니 이 스칸디나비아의 믿음이 나에게 얼마나 뿌리 깊게 새겨져 있는지를 깨닫게 되었다. 한국에서는 내 아이 또래의 자녀를 둔 부모들이 아이를 발레나 태권도 혹은 영어 학원에 보내는 것을 쉽게 볼 수 있었다. 우리 아이들도 물론 학원에 다니는 것을 좋아하겠지만 나는 여전히 나의 어린 시절처럼 아이들이 밖에 나가서 나뭇가지를 휘두르고 나무를 타며 놀기를 정말 간절히 바란다. 자유 놀이에 관한 한 스칸디나비아의 방식은 '타이거맘[1]'이라고 불리는 부모들의 양육 방식과 매우 다른 셈이다.

물론 나의 아이들이 퍼즐을 잘 맞추거나 유치원의 겨울 발표회에

1 자녀를 강하고 엄격하게 훈육하는 엄마를 가리키는 말로 직역하면 '호랑이 엄마'를 뜻한다

서 멋진 공연을 하는 모습은 나를 정말 행복하게 한다. 하지만 아이들이 상상력을 총동원해서 밖에서 노는 것을 볼 때 느끼는 행복감은 그것과 비교할 수 없을 만큼 크다. 그들이 자신이 만든 세계에서 사자가 되거나 기사가 되고, 또 공주가 된 것처럼 연기를 하며 나타날 때 말이다. 내가 생각하는 것이 반드시 옳다, 그르다 결론 짓기는 어렵지만, 최소한 그렇게 아이들과 밖에서 보내는 시간이 나에게는 다른 어떤 활동보다도 충만한 행복감을 준다. 이것이 나의 아이들을 포함하여 대부분의 덴마크 아이들이 생의 첫 시기를 보내는 방법이다. 머리끝부터 발끝을 모두 감싸는 수트를 입고 다른 아이들과 함께 숲을 거닐면서 온갖 이상한 상상을 더한 스토리를 만들어내는, 그런 것 말이다.

나를 비롯해 대부분의 덴마크인들은 아이들은 야외에서 많은 시간을 보내야 한다는 것에 이의가 없다. 때론 그렇게 할 수 없는 상황에서조차 그래야 한다고 생각한다. 아이들이 밖에 나가면 나뭇가지를 쥐고 용감한 기사가 돼서 용과 싸울 수도 있게 되는데, 집에 무기력하게 있거나 TV나 컴퓨터만 보는 것은 잘못된 것이라는 목소리가 늘 내 마음 어딘가에서 들렸다. 아마도 그것은 조부모 때부터 나의 부모 세대에 이르기까지 같은 가치를 추구하며 "밖에 나가서 너의 상상력을 사용하도록 해!"라는 목소리가 나의 잠재의식 속에 뿌리 깊게 박혀있기 때문일지도 모른다.

스칸디나비아 사람들이 아이들의 자유 놀이를 매우 중요하게 생각하는 것은 다른 나라의 부모들이 교훈을 얻을만한 가치가 있을지도 모른다. 아이들이 자신의 상상력을 사용하고, 스스로 의미 있는 관계를 창조하는 능력을 키우는 것은 비단 스칸디나비아의 부모들만의 바람이 아니다. 아마 모든 부모들이 같은 마음일 것이다. 하지만 그것을 성취해 내는 방법은 나라마다 매우 다른 양상을 보인다.

자유 놀이는 북유럽의 방식이며, 그것을 관통하는 어떤 의미가 담겨있다. 덴마크의 부모들은 자신의 아이들이 친구들과 놀이를 할 때 스스로 놀이의 규칙을 이해하고 만들어갈 수 있는 능력이 있다고 믿고, 그 활동을 통해서 많은 것을 배울 수 있다고 생각한다. 아이들이 스스로 규칙을 창조하고 다른 아이들과 성공적으로 놀이를 해낼 때, 어른들이 만든 놀이의 규칙을 알려줄 때보다 훨씬 더 자기 자신에게 자부심을 느끼고 자신감을 얻게 된다는 것을 알 수 있다. 이를 통해 아이들은 다른 아이들과 소통하는 법을 배우고, 게임의 법칙을 협상하고, 그것이 어떻게 발전하는지를 지켜보면서 아이들은 실제로 다른 방법의 솔루션을 찾으려고 노력하고 공동체 안에서 함께 살아가는 법을 터득한다. 북유럽 학교에서는 다른 나라에 비해 그룹 활동이 두드러지게 많다. 아주 어릴 때부터 팀 플레이어가 되는 법을 배우고, 이 활동을 통해서 자신의 인생을 위해 필요한 나머지 것들을 배우게 된다. 얼핏 보면 이건 그냥 재미난 놀이이고 게임처럼 보인다. 하지만 아이들은 그렇게 부모나 선생님의 가이드 없이 자유롭게 놀이를 즐기면서 실제로 어떤 사회에서 관계를 맺어야 하는지를 배우고 어른이 되는 것을 준비한다.

Debbie

여름에 덴마크를 가는 것은 또 다른 의미에서 흥미로운 일이다.

갑자기 해가 엄청나게 길어지는 백야(白夜)를 경험할 수 있기 때문이다. 긴 겨울의 어둠을 한꺼번에 보상하기라도 하듯 밤 10시, 11시까지도 환한 낮을 경험하게 된다. '이 세상에 나쁜 날씨 같은 건 없어. 오직 잘못된 패션이 있을 뿐이지'라는 말은 내가 강의를 할 때에도 가끔 쓰는 문장이다. 같은 상황도 얼마든지 긍정적인 방향으로 표현할 수 있다는 것을 보여주는 예이다. 이것을 '언어의 재구성(reframing)'이라고 부르는데, 언어의 재구성이야말로 행복할 수 있는 비결 중 하나라고 생각한다. 인간의 출발점은 온 세계가 똑같이 불공평하다. 그래서 그것을 불평하기 시작하면 24시간이 모자라고 비난해야 할 사람은 쌓을 곳이 없을 만큼 넘쳐나기만 한다. 그런데 그 상황을 탓하고 변명하며 사는 인생은 성장의 여지가 줄어든다. 그래서 그 상황에 대처하기 위해 어릴 때부터 '지금 어떤 옷을 입고 있는가'를 돌아보는 습관을 시작하는 것이다. 자신을 100% 책임지는 사람이 될 수 있게, 읽고 쓰거나 셈하는 인지능력을 먼저 주입하는 것이 아니라 원시 시대에서 생존하는 법을 익히듯 그렇게 자연에서 탐험하게 한다. 북유럽의 교육 전반에 흐르는 이 독립성, 자립성, 책임감에 대한 강조는 어른들의 사회를 보면 자연스럽게 이해가 된다. 북유럽 사회는 정말 어마어마하게 큰 기업의 CEO가 아니고서는 비서라는 것이 사라진 지 오래고, 인건비가 비싸서 무엇이든지 자신이 조립하고 만드는 것이 일상화되어 있다. 또한 가장 기본적인 생존을 위한 요리는 어릴 때부터 배우고, 가사도우미도 존재하기 어려우니 부모가 가사일을 잘 나누어 하는 것이 너무나 당연하다. 그래서 부모는 자녀들에게 아동기 때부터 스스로 자신의 인생을 책임지고 이끌어 나가는 것에 대한 인식을 심어주려고 노력하는 것이다.

나 또한 십수 년 전 숲 속 유치원에 동료의 아이를 데리러 갔을 때는 적지 않은 충격을 받았다. 당시 나의 아이도 유치원에 다니고 있을 때였기에 숲 속 유치원이라는 곳 자체가 놀라웠는데, 특히 충격적이었던 건 너무나 다른 하루의 생활 방식이었다. 당시 한국은 북유럽의 교육에 대한 어렴풋한 동경이 있었기에 북유럽의 유아 교육 프로그램을 조사한 적이 있었다. 우리는 매뉴얼이 정형화된 교육 프로그램을 원했는데, 아무리 찾아도 그런 프로그램은 없었다. 묻고 또 물어도 그들의 대답은 대체로 이런 것이었다.

"유아 교육 프로그램이요? 글쎄…… 유아기 때 성취해야 하는 것은 어떻게 하면 옷을 잘 입을 수 있을지, 아니면 혼자서도 밥 잘 먹기나 아이들과 잘 어울려 놀기…… 이런 거 아닌가요?"

북유럽에서는 아이가 밖에 나가서 놀지 못하는 것은 안절부절 걱정해도, 아이가 글씨를 읽지 못하거나 수학을 풀지 못한다고 걱정하는 사람은 없어 보였다. 너무나 다른 세상이었다. 대신 그들에게서 발견한 유아 교육 프로그램이 있었는데 그건 바로 'anti-bullying(왕따, 괴롭힘 방지)'에 관한 교육이었다. 덴마크나 핀란드 등에서는 아주 어릴 때부터 이 프로그램을 실시하고 있었다. 학문적인 교육을 실시하기 이전에 긍정적인 관계를 맺는 법을 먼저 가르치는 것이다. 나와 달라도 존중하는 법을 실천하게끔 하는 일이며, 내가 만난 많은 덴마크 출신 리더들 역시 그 안에 '존중'을 담고 있었다. 어릴 때는 아직 성숙하지 못해서 서로를 괴롭히는 일이 생길 수 있다고 생각했다. 하지만 다 큰 어른들이 모여 있는 직장에서도 상대를 괴롭히는 일이 끊이지 않고 일어나고 있다. 그것은 누군가에게 씻을 수 없는 정신적 피해를 줄 뿐만 아니라 생산성 또한 떨어져 기업에도 큰 손실을 가져온다.

북유럽 사람들의 양육 방법을 얼핏 한국적인 시각에서 보면 아이들이 조금 불쌍해 보인다. 보듬고 싸서 집안에 두어야 할 것 같은 날씨에도 거친 자연에 아이들을 노출시키거나 아직 스스로 아무것도 할 수 없어 어른이 도와주어야 할 것 같은 나이에도 아이가 스스로 하기를 기대하기 때문이다. 한번은 덴마크의 아이가 양말을 신는 모습을 본 적이 있었다. 고사리 같은 손으로 양말을 신으려고 고군분투하고 있었는데 내가 엄마였다면 얼른 신겨주고 말았을 텐데 하는 생각이 들었다. 바쁜 아침 시간이라면 더욱 그랬을 테고. 그런데 그 아이의 엄마는 아이가 혼자서 끈기 있게 두 짝의 양말을 신을 때까지 인내심 있게 지켜봐 주고 있었다. 정식 학교 생활을 시작하기 전의 아이들에게 이들이 기대하는 것은 글자를 읽거나, 수학 문제를 풀거나, 외국어를 말하는 것과 같은 딱딱한 기술(hard skill)이 아니다. 일찍부터 자기 자신에 대한 리더십을 가지고 원시 시대에서처럼 스스로 생존할 수 있는 자립심, 아무것도 없는 무(無)에서 유(有)를 창조해내는 기업가와 같은 자질, 창의성을 발휘하고 친구들과 협동해서 문제를 해결하고 규칙을 스스로 만들어서 공동체를 유지할 수 있는 법과 같은 부드러운 기술(soft skill)을 익혀 나가기를 기대하는 것이다. 어른들이 주는 지시가 아닌 자신들의 상상력과 대화를 통해서 말이다.

이렇게 지시가 없는 자유 놀이는 어른의 사회생활 세계에도 매우 비슷하게 적용된다. 내가 덴마크에서 아이를 키워보지는 않았지만 그 양육의 결과물인 어른들을 많이 만나보니 자연스럽게 머릿속에서 연결이 되는데, 북유럽의 근무환경은 공기업, 사기업 모두 '지시'가 그리 많지 않다. 어떤 이들은 기본적으로 자신은 지시를 싫어한다고도 했고, 책도 제목이 '지시형'으로 되어 있는 것은 사지 않는다는 농담을 하기도 했다. 일단 어느 기업이든 목표치는 강하게 던져주지만 그것을 어떻게 달성하는지는 전적으로 개인의 능력에 맡긴다. 위에서 모든 것을 짜고 결정해서 아랫사람에게 할 일을 분배하기보다는 그 일도 스스로 해내기를 기대하는 것이다. 시키는 일을 해내는 것에만 익숙한 사람은 자신이 무슨 일을 해야 하는지조차 모르는 상황이 되니 무엇보다 주도적인 태도가 중요해진다. 마치 회사라는 틀 안에서 자신의 사업을 하고 있는 것처럼 느낄 만큼 많은 자유와 책임이 동시에 주어진다. 상사가 후배를 감시하는 일도 적고, 회사에 보고해야 하는 사항도 적은 편이지만, 사고가 나면 자신이 책임을 져야 한다. 한 직장에서 오래 일했던 덴마크 친구에게 그 비결을 물어본 적이 있는데 그도 비슷한 이유를 말했다.

"일에 적응하기까지는 힘들고 시간이 걸렸지만 여기서는 내가 많은 것을 시도해볼 수 있는 자유가 있었어요. 그게 재미있었지요. 아마 그렇지 않았다면 저 같은 성향을 가진 사람이 이렇게 오래 일할 수는 없었을 거예요."

그들은 '열심히' 일하는 것도 중요하지만 '창의적으로' 일하는 것에 훨씬 많은 점수를 준다. 끊임없이 아이디어를 내도 귀찮아하지 않고 호기심을 갖고 듣는 편이다. 아이들이 레고 박스를 안고 만들기를 시작할 때도 매뉴얼대로 만드는 것이 아니라 완전히 새로운 것을 창조하기를 바란다. 레고 매뉴얼은 딱 한 번만 필요하다고 이야기하는 이유는 바로 그 때문이다. 어릴 때부터 자유 놀이를 통해 '지시'보다는 '상상력'이 훨씬 중요하다는 것을 자연스럽게 체득한 덕분인지 모르겠다. 내가 첫 책을 쓸 때 만났던 덴마크의 미래학자 롤프 엔센(Rolf Jensen)이 '최고상상책임자(CIO, Chief Imagination Officer)'라는 신기한 직함을 단 명함을 건넸을 때 나는 다시 한 번 느꼈다. 그들이 얼마나 상상력을 중요하게 생각하는 민족인지 말이다. 문제 해결을 상상할 수 있고, 기업의 미래와 자신의 미래를 상상할 수 있는 사람들이 리더가 되는 것을 종종 본다. 상상하지 않고 그저 5개의 문항 중 정답만 고르는 교육은 북유럽 사람들의 머릿속에는 별로 없는 듯하고 유아기의 시절에는 더욱 그렇다. 다시 돌아오지 않는 그 시기를 아이가 자연과 더불어 자신의 몸과 흙, 관계를 탐구하며 보내게끔 하는 북유럽의 부모들이 사실 한국 사람들에게는 용감하게만 보인다. 한국 부모들은 그러다가 아이가 학교에 들어가서 성적이 엉망이면 어떡하냐는 질문을 하곤 했다. 나는 완전히 다른 질문의 중간에 서서 어찌할 바를 모를 때가 종종 있었다.

북유럽의 교육을 단적으로 보여주는 농담 하나를 덴마크 선생님으로부터 들은 적이 있다. 덴마크에서 만약 아이가 엄마한테 "엄마, 지금 몇 시예요?"라고 물으면 덴마크 엄마들은 이렇게 대답한다는 것이다.

"응… 너는 어떻게 생각하니?"

물론 이건 농담이지만, 덴마크 부모들은 시간조차도 단답형으로 알려주지 않을 만큼 아이가 스스로 생각할 줄 아는 사람으로 자라기를 바란다는 것이다. 학교 수업도 미리 짜인 정형화된 계획안을 따라 가기보다는 아이들이 주도해 나가면서 자연스럽게 이루어지고, 그들 자신의 이야기를 하면서 탐구하는 방법을 더 많이 활용한다. 내가 경험했던 어른들을 위한 기업교육에서도 그들은 여전히 자기만의 독특한 의견을 스스럼 없이 이야기해서 수업은 언제나 산으로 가곤 했지만, 수업에 참여한 사람들 모두 그것을 전혀 이상하게 생각하지 않는 분위기였다. 그 속에서 선생님은 존재감이 잘 느껴지지 않을 만큼 조력자의 역할만을 할 뿐이다.

한번은 나의 아이가 사회 과목 시험을 너무 못 봤다며 겁에 질려 울면서 시험지를 꺼낸 날이 있었다. 나는 아이의 시험 점수에 대해 혼을 내거나 야단치는 엄마는 전혀 아니다. 하지만 아이들은 스스로 점수에 대해 스트레스를 받는다. 사람이라면 누구나 잘하고 싶고 인정받고 싶기 때문이다. 아이가 너무 심하게 울어서 나는 깜짝 놀라 사회 문제지를 찬찬히 보았다. 전부 주관식에서 틀렸다고 빨간색 엑스 표시가 되어 있어서 그 문제가 어떤 것인지 살펴보았다. 지도에 나온 것을 보고, 혹은 단락을 읽고 그것이 무엇을 표현하고자 하는지를 설명하라는 문제였다. 아이는 자신의 생각을 길고 논리적으로 잘 썼고, 내가 보기엔 훌륭한 답이었다. 엉뚱한 논점으로 흐른 것도 아니었다. 그런데 아이는 무엇이 답인지를 설명하면서 나에게 이렇게 말했다.

"교과서에 있는 문장이랑 똑같이 써야 하는데, 제가 그렇게 하지 않은 거예요. 그래서 저는 틀린 게 맞아요…."

맙소사. 나는 그 순간 마음이 아파왔다. 그 문제의 진짜 답이 무엇인지를 듣고 나서도 나는 깜짝 놀랐다. 어른인 나도 그런 답은 결코 쓰지 않았을 법한 답이었기 때문이다. 주관식이라는 꼬리표가 무색해지는 순간이었다. 그래서 나는 말했다.

"글쎄, 엄마가 보기에는 너무나 훌륭한 답변인걸. 수학 같은 과목은 똑 떨어지는 답이 있겠지만 사회나 국어 같은 과목은 사람의 관점에 따라서 다른 답이 충분히 나올 수 있어. 완전히 동떨어진 답이 아니라면 말이야. 세상에는 평가를 할 때 다른 기준을 가진 곳들도 있어. 어떤 나라에 가면 이 답은 아마도 '논리적이고 창의적이며 깊은 사고가 엿보이는 답'이라는 평가를 받을지도 몰라. 엄마는 이 답이 훨씬 더 마음에 들어. 자신의 생각을 할 수 있는 사람이 되어야 하는 거야. 교과서를 외우는 사람보다."

그 순간 통곡을 하던 아이가 진정이 된 듯 조용해지더니 어느새 기쁨과 으쓱함으로 입꼬리가 하늘로 올라가고 있었다.

나는 누가 뭐라고 해도 나의 아이들을 최소한 초등학교 저학년 때까지는 정형화된 프로그램에 집어넣는 교육을 시키지 않으려고 애썼다. 물론 나도 한국 사회에 발을 딛고 살기 때문에 두렵지 않았던 것은 아니지만, 내 결심대로 아이들을 영어유치원에 보내지도 않았고, 수학학원에 보내지도 않았으며, 한글 공부를 굳이 일찍부터 시키지도 않았다. 그렇게 하지 않아도 어른이 된 북유럽 사람들 중 글자를 못 읽는 사람은 없었고, 숫자에 대해서는 또 얼마나 냉철한지, 숫자가 없으면 대화가 안 될 지경이다. 그랬더니 아이들은 친구들이 학원에 있는 시간에 완전히 다른 일들을 하기 시작했다. 아이들에게 자유로운 시간을 주면 아이들이 무엇을 하며 노는지 저절로 엄마의 눈에 들어오기 시작하고, 어떤 책을 읽는지 파악할 수 있게 된다는 것을 알았다. 그것은 아이가 어떤 성향, 어떤 기질, 어떤 재능을 타고 났는지를 알 수 있게 해준 아주 중요한 시간이 되기도 했다. 우리는 잠자리에 누워서는 기도를 하고 어둠 속에서 '로빈슨 크루소' 놀이를 했다. (그때 마쿠스를 미리 알았다면 나도 아이들을 숲에 데리고 나가 그 놀이를 실제로 부딪치며 했을 텐데 아쉬운 마음이 든다.) 이 놀이는 나를 위해서 필요한 물건을 만들어주는 사람이 아무도 없는 원시 시대나 무인도에 산다고 가정하고, 직접 생활용품을 만들고 집을 짓는 놀이다. 물론 완벽한 상상 속에서 하는 놀이였다. 아이들과 매일 그 놀이를 해도 콘텐츠가 떨어지지 않고 새로웠다. 아이들은 계속 새로운 방법으로 물건을 만들고, 모양을 다르게 디자인하고, 무인도의 조건도 매일 색다르게 지정하고, 다른 방식의 활동을 찾아가며 하루를 꾸며나갔기 때문이다. 나의 첫째 딸은 그 자유 놀이 시간이 생기면 그림을 그리거나 자기만의 비즈니스를 만들었다. 얼마나 많은 회사가 그녀의 손에서 세워졌다가 없어졌는지 모른다. 아이템을 정하고, 디자인을 하고, 가격 전략도 짜고, 마케팅과 홍보도 하고, 매일 바쁜 나날을 보냈다. 자신이 생각해낸 것에 대한 권리를 보호하기 위해 특허를 내거나 상표권을 붙이는 일도 잊지 않았고, 소득이 적은 계층을 위한 특별 가격을 고민하기도 했다. 그리고 자신이 이 비즈니스를 하는 목적은 '더운 아프리카에 있는 어린이들에게 선풍기를 사주기 위해서'라는, 아이들이 생각할 만한 귀여운 사명을 덧붙이기도 했다. 물론 고객은 늘 엄마와 아빠, 직원은 그녀의 동생이다. 유치원 아이에게, 초등학교를 갓 입학한 아이에게 이런 특징이 있을 수 있다는 것을 나는 그때 처음으로 알게 되었고 신기한 마음으로 바라보았다. 동생은 누나 사장님한테 받는 500원의 월급에 불만이 있어 파업을 하기도 했고, 그러면 누나 사장님은 동생 직원을 구슬리며 협상을 하며 동생 직원이 일을 잘 하면 인센티브로 한꺼번에 보상해주는 방법을 고심하기도 했다. 심지어 만들어놓은 비즈니스의 장소를 이제 그만 치우고 청소를 해야 한다고 말하면 '철거반대' 피켓을 만들어 붙이기까지 했다. 그러면 나는 그곳에 청소기라는 불도저를 도저히 들이댈 수가 없었다.

아이들이라고 결코 우습게 볼 수 없는 것은 아무도 특별히 가르쳐준 적이 없는데 어른들의 세계에서 일어나는 일련의 일이 그들에게도 비슷하게 일어난다는 사실이다. 나의 어린 시절과는 너무나 달라서 나는 신기하게 관찰할 수밖에 없었다. 아이들을 키우면서 나는 사람이 모두 다른 성향과 관심사를 타고 난다는 것을 더욱 잘 알게 되었다. 한번은 어떤 책을 고르는지 도서관에서 아이들을 관찰해 보았는데, 첫째 딸은 어린이 경제, 경영서를 많이 찾아 읽더니 급기야는 주식투자를 하겠다고 선포해 한참 씨름을 한 적도 있었다. 이제 벌써 중학생이 되어버린 딸은 다시 평범하게 주입식 교육을 받으면서 자기가 그런 일을 했었는지조차 거의 기억하지 못하고 주어진 수학 문제와 영어 문제를 풀고 있지만, 혹시 나중에 자신이 무슨 일을 해야 할지 모르겠다는 날이 오면 나는 그 이야기들을 들려주려고 한다. 둘째 아들은 자유 놀이 시간이 주어지면 일단 건축 모형이나 레고를 만드는 데 여념이 없었고, 친구들과 팽이치기 시합이나 구슬치기로 자신의 영역과 재산을 늘려가는가 하면 그 세계에서도 리더와 팔로워가 생겨서 리더와 리더끼리는 연대를 하기도 하면서 스스로의 공동체를 만들어갔다. 또 아이는 자기가 읽은 책의 내용들을 융합해 나에게 강의하는 것을 좋아했다. 수학이나 우주학을 접목하기도 하고, 자기가 좋아하는 바다세계의 동물 이야기, 요즘 빠져 있는 음악 이야기 등 그 주제는 무궁무진하다.

"엄마, 저는 머릿속에 이미 강의 주제가 500개쯤은 있는데, 사람들한테 이야기하면 이상한 아이라고 할까 봐 말을 못 하겠어요. 하지만 엄마는 뭐든지 잘 들어주시니까 이야기하는 거예요. 자신감을 주시니까요. 살아보니 자신감이란 정말 중요한 거 같아요."

아이는 벌써 엉뚱한 아이디어를 아무 데서나 이야기하면 눈총 받는 사회에 살고 있다는 것마저 알고 있었다. 이럴 때 엄마의 역할이란 그저 호기심 가득한 눈동자로 아이가 어떤 말을 해도 대단하다는 표정을 지으며 들어주는 것이다. 건축이 왠지 끌리고 좋다는 둘째 아들은 벌써 친구들한테 받은 건축 수주가 상당하다. 지어줘야 할 친구들의 집과 빌딩이 이미 리스트 안에 가득한데, 내가 "세상에, 벌써 수주를 이렇게나 많이 받았어?"라고 은근히 칭찬을 해주면 너무 쑥스러워 어쩔 줄 모르지만 스스로 뿌듯해하는 모습이 감출 수도 없이 새어 나온다.

나는 아이들에게 인생에서 꼭 한 가지 직업만을 가져야 한다고 말하지 않는다. 어떤 것은 직업이 되고, 어떤 것은 부업이 되며 또 어떤 것은 취미로 자리매김할 것이고 세상에 없던 직업이나 비즈니스가 탄생하기도 할 것이다. 직업은 하나의 형태일 뿐 더 중요한 것은 그 형태를 통한 '자아실현'이고, 또 그 자아를 넘어서서 인류에 보탬이 되는 사람이 되는 것이기 때문이다. 첫째 딸도, 둘째 아들도 자신이 좋아하는 영역이 있지만, 자신이 그 분야에 재능까지 있을지는 아직 알 수 없다며 심각하게 고민을 하기도 한다. 그도 맞는 것이 아직 아이들은 그 능력을 검증 받아 본 적이 없고 아직 받을 수도 없다. 하지만 그럴 때면 나는 이렇게 대답한다.

"좋아하고 마음이 끌리는 게 있다면 그것에 걸맞은 능력과 재능도 함께 있다는 뜻이란다."

물론 아직 이 아이들이 무엇이 될지는 전혀 알 수 없고, 세상도 어떻게 더 바뀔지 모르며, 아직 좁은 세상만을 경험한 아이들이 앞으로 더 찾아낼 것들이 무궁무진하게 남아있다는 것을 알고 있다. 성장하는 동안 아이들은 완전히 다른 영역에 빠지게 될지도 모른다. 그래도 최소한 이 아이들 안에 어떤 호기심과 관심이 들어 있는지는 알 수 있게 되고, 모르긴 해도 뭔가 그 언저리의 어떤 직업이나 비즈니스를 갖게 될 수도 있다는 예측은 가능하게 되니 소중한 소득이다. 부모는 단지 관찰자가 되어주고 이미 사회를 경험한 사람으로서 가이드가 되어주면 그것으로 역할은 다하는 것이다. 바로 이것이 자유 놀이가 주는 통찰이 아닐까. 이 자유 놀이 시간 동안 아이들에게 벌어지는 일들을 관찰하며 나는 결코 아이들이라고 해서 과소평가할 수 없다는 사실을 깊이 배웠다. 아이들은 또 이렇게 말한다.

"혹시 제가 세계적인 건축가가 되지 못하거나 세계적인 디자이너가 되지 못해도, 제가 좋아하는 일을 하면서 행복하다면 괜찮은 거죠? 그걸 이루는 게 사실 쉽지는 않은 일이잖아요…."

그러면 나는 세상에서 가장 긴 'Yes'를 보낸다.

"그러어어어엄…."

중요한 것은 바로 이것이다. 원대한 꿈을 갖고 있지만 설령 그렇게 되지 않더라도 행복한 일을 찾아서 할 수 있고, 그것이 다른 이들에게 도움이 되는 일이라면 그것만으로 괜찮다는 그 안도감을 부모로부터 느끼는 것 말이다. 그렇게 말해도 엄마의 야망이나 꿈의 크기에 상관없이 아이들의 꿈은 결코 줄어들지 않으니 걱정하지 않아도 된다는 것 또한 알았다. 한국의 노벨상 같은 '조엘상' — 조엘은 내가 지어준 아들의 영어 이름이다 — 을 제정하겠다거나, 세계에는 도와야 할 아이들이 많으니 빌 게이츠나 워런 버핏처럼 돈을 벌어서 기부를 많이 하겠다고 큰소리치는 아이들의 이야기를 들으면 말이다. 세상에 어떤 가치를 생산해내는가가 상위 개념이고 직업은 그 다음 하위 개념에 속하기 때문에 옳은 방향에 서있기만 하다면 직업은 때때로 바뀔 수도 있고 다양할 수도 있는 것이다. 이를테면 세상에 '아름다움'을 만들어내는 것이 자신의 상위 가치라면 하위 개념의 직업은 패션디자인일 수도, 화가일 수도, 메이크업 아티스트일 수도, 음악가나 혹은 작가일 수도 있으니 방법은 여러 가지가 있다. 또 '편리함'이라는 가치를 세상에 부여하고 싶다면 그건 발명가일수도, 운송업일 수도, 제품을 만드는 비즈니스나 어떤 서비스업일 수도 있다. 내가 만났던 많은 북유럽의 스타트업들이나 기업들은 자신이 팔 제품에 대한 이야기를 먼저 꺼내지 않고 왜 자신이 이 일을 하고자 하는지, 이 일을 통해서 사회와 인류에 하고 싶은 일은 무엇인지를 먼저 이야기했다. 그 다음에 제품이나 서비스에 대한 이야기를 꺼내면 그 비즈니스 프리젠테이션은 늘 한 차원 높은 것이 되어서 갑과 을이 바뀌는 상황도 종종 생기고는 했다. 자신의 세계와 미래를 탐구하는 자유의 시간에 아이들과 부모들이 그런 부분에 대해서도 함께 생각할 수 있다면, 단순한 직업이라는 개념을 뛰어넘어 자신의 분야에서 그리고 더 큰 세상에서 좋은 영향력을 가지는 아이들로 성장하게 할 확률이 높아진다.

북유럽의 부모들은 아이들의 놀이 시간에도 혹은 미래를 결정하는 것에도 자신의 생각을 강요하지 않으려고 노력하는 모습이다. 노는 시간 동안조차 정형화되거나 주입하는 식의 교육을 집어넣으려고 했다면, 아이들 안에 무엇이 디자인되어 태어났는지, 무엇을 할 때 행복해하는지, 아이들의 정체성이 어디에 있는지를 알아챌 기회를 빼앗겨 버렸을지도 모른다. 어른이 되어서도 자기가 무엇을 하고 싶은지, 자신의 꿈이 무엇인지 모르겠다는 이들이 많다. 원래는 두 살, 세 살 때부터도 그 '무엇'이 나타난다는데, 그것을 인식하기도 전에 이미 밀려든 잘 짜인 교육을 너무 어릴 때부터 받아 그게 무엇이었는지 희미해져서 그렇게 되는 것은 아닐까. 그래서 자신이 무엇을 하게끔 디자인되어 태어났는지를 찾기 위해 다시 유아기로 돌아가보는 경우가 많다. 내가 그랬듯이 말이다. 내가 그때 무엇을 하면 행복했는지, 주로 어떤 놀이를 하는 것을 즐겼는지를 다시 떠올려보는 것이다.

그리고 자유 놀이의 최대 장점은 바로 '관계 맺음'이다. 아무리 좋은 학교를 나온 사람이라도 관계가 원만하지 못하면 결코 행복하지 않다고 수많은 연구결과가 말하고 있지 않은가. 아이들은 앞으로 그 관계라는 것이 결코 행복만 가져다 주는 것은 아니라는 걸 아픔을 겪으며 배우게 되겠지만, 행복한 관계를 만들어갈 기본적 토대를 어린 시절부터 다져가는 것은 무엇과도 바꿀 수 없이 소중하다.

'학문적 기술'이 아닌 '삶을 위한 기술'을 배우다

Markus

한국에 있는 다섯 살짜리 아이와 덴마크에 있는 다섯 살짜리 아이를 비교해보면, 가장 큰 차이가 나는 부분은 학교에 들어가기 전 아이들이 다니는 유치원과 부모들에게 어떤 것을 얼마나 배우느냐에 관한 부분일 것이다. 그리고 이 두 나라의 다섯 살짜리 아이가 어떻게 시간을 보내고 있는지를 보면 정말 큰 차이점이 있다는 것을 알 수 있다. 결국 한국인과 덴마크인은 이미 아장아장 걷기 시작하는 나이 때부터 서로 매우 다른 것에 집중함으로써 매우 다르게 삶을 시작한다.

표면적으로 보면, 덴마크의 아이들은 한국의 아이들에 비해 그리 많은 것을 배우지 않는 듯 보인다. 덴마크의 유치원에서는 아이들이 주로 자유롭게 놀거나 역할놀이를 하고, 스스로 게임이나 놀이를 만드는 활동 등을 한다. 운 좋게 숲 속 유치원에 다닐 기회가 있다면 아이들은 대부분의 시간들을 숲 사이를 걸으며 나뭇가지나 바위를 가지고 놀게 될 것이다. 물론 이런 시스템을 좋아하지 않는 덴마크의 부모들도 있다. 그들은 아이들이 학문적인 활동들 즉 읽기나 셈하기, 혹은 스포츠를 체계적으로 배우기를 원한다. 그런 부모들은 아마도 학교에 들어가기도 전에 이미 이러한 기술들을 가르치는 한국식 유치원을 선호할지도 모른다.

한국에 와서 아이들을 유치원에 등록하는 일은 내가 원래 했던 방식과는 상당히 달랐다. 나의 세 아이는 한국에 있는 인터내셔널 유치원에 다니고 있는데, 그곳의 아이들은 대부분 한국 아이들이다. 유치원 교사들은 대다수가 영어를 쓰고 커리큘럼은 다른 한국 유치원들처럼 무척이나 체계적이다. 여기서 나의 아이들은 덴마크였다면 절대 하지 않았을 다양한 공부를 통해 많은 것을 배우고 있다. 아이들이 공부와 관련된 활동을 즐기기만 한다면 이 다양한 과목들에는 좋은 면들이 정말 많아 보인다. 하지만 미취학 아이들을 위한 덴마크식 교육 방법에도 장점은 확실히 존재한다.

덴마크의 대다수 부모들은 자신의 아이들이 자라서 궁극적으로 행복을 느낄 삶의 행로를 '스스로' 결정할 수 있기를 바란다. 아이들에게 특별한 교육을 시켜야 한다는 의무감을 갖고 있거나 아이의 직업을 곧 부모 자신의 목표로 삼는 사람들은 극히 적은 편이다. 물론 부모들은 아이들에게 보이지 않는 영향을 미치게 되고, 아이들이 인생의 방향을 결정할 때 적용하게 될 가치나 세계관 등을 무의식적으로 물려주게 된다. 그러나 다른 나라들과 비교해볼 때 북유럽의 부모들은 아이들이 자신이 무엇을 하며 살 것인가를 스스로 결정할 수 있게 무한의 자유를 주고 격려해준다. 덴마크에서는 꼭 들어가야 한다는 대학이 존재하지 않으며, 존중 받는 삶을 살기 위해 혹은 부모를 실망시키지 않기 위해 가져야 하는 직업도 존재하지 않는다. 자신에게 가장 잘 맞는 삶과 직업은 오직 나 자신만이 알고 있다. 이것을 이해하는 것은 우리가 왜 이러한 방식으로 아이들을 키우는지를 이해할 수 있는 매우 중요한 단서가 되고, 어쩌면 덴마크가 왜 세계행복보고서에서 항상 1위를 차지하는지를 설명할 수 있는 중요한 단서가 될 것이다. 덴마크의 아이들은 유치원에서 무엇을 하면서 놀지 스스로 결정하는 자유뿐 아니라 삶 전체에 걸쳐서 자기가 하고 싶은 일을 결정할 수 있는 엄청난 자유를 가지고 있다. 학교에서 어떤 스포츠 수업을 등록할지, 고등학교나 대학교에 들어가서 어떤 과목을 공부할지, 학교를 졸업하고 어디에서 일하고 살며 누구와 결혼을 할지에 이르기까지……. UN이 작성하는 행복보고서의 중요한 평가 항목인 '삶을 스스로 선택하는 자유'가 덴마크에서는 대단히 높고 — 그것이 나쁜지 좋은지 단정지어 평가할 수는 없지만 — 그 자유는 아주 어려서부터 시작된다.

나는 이 자유에 대해서 아이들에게 몇 번이고 반복해서 이야기하는 나 자신을 가끔 발견하곤 한다. 꼭 그러려고 하는 것은 아닌데 그냥 자연스럽게 말하는 나를 보면, 얼마나 나의 문화에서 이 자유에 대한 영향을 많이 받았는가를 깨닫게 된다. 어쩌면 내가 지금 한국이라는 다른 전통을 가진 나라에 와있기 때문에 더 의식적으로 많이 이야기하는지도 모른다.

지금 다섯 살인 나의 첫째 아들은 발명가가 되고 싶어 하는데, 빵을 굽는 파티쉐도 되고 싶어 하고 경찰관도 되고 싶어 한다. 나중에는 좀 더 집중할 필요가 있겠지만 나는 아이가 생각할 수 있는 모든 삶의 선택에 대해 듣는 것이 즐겁고, 그중 어떤 것이 더 낫거나 그렇지 않다고 이야기하는 것은 꿈에도 생각해본 적이 없다. 물론 내가 가진 기자라는 직업에 대해서는 좀 주의를 줄지도 모르겠다. 상당한 스트레스를 받는 직업이고 그리 높은 연봉을 받지 않는다는 현실에 대해서는 알려줄 필요가 있지만, 그 어떤 교육이나 직업에 대해서도 내가 선장이 되어 키를 잡고 방향을 돌리려고 하지 않는다. 오히려 반대로 부모의 역할이란 아이에게 최대한 많은 주제와 직업을 알려줘서 아이가 나중에 선택하고 결정할 수 있는 폭을 넓혀주는 것이라고 믿는다. 사람들은 자신의 방향을 스스로 선택했을 때, 그 일에 더 헌신하며 목표를 이루기 위해 더 열심히 일하는 것을 볼 수 있다. 만약 이름을 알아주는 학교에 들어가기 위해서 공부를 한다든가, 부모님을 기쁘게 하고 만족시키기 위해서 혹은 사회에서 그럴듯해 보이는 직업을 얻기 위해서 살아간다면 평생을 비참하게 살아야 할지도 모른다. 그리고 동시에 그 일에서 성공하기도 어려운 이중고를 겪게 된다. 그리고 자신이 선택한 길에서 실패를 경험하는 것과 부모가 정해준 길에서 실패를 경험하는 것의 차이는 누구나 상상해 볼 수 있다. 전자에서의 실패는 비교적 극복하기가 쉽고, 자신이 추구하던 것을 할 수 없다는 사실을 알게 되었다면 아마 다른 것으로 옮겨가는 노력을 하게 될 것이다. 이 과정에서도 배울 것은 계속 생겨나고 두 번째의 도전에서는 성공의 가능성이 더 높아지게 된다. 결국 어떤 대학이나 취업에서 잠시 실패의 잔을 마실 수 있지만 그것이 세상의 끝은 결코 아님을 깨닫게 되는 것이다. 그런데 만약 부모가 들어가야 할 학교를 정해주고, 가져야 할 직업에 대해 압박을 가하는 방식으로 인생을 끌어간다면, 그것은 단지 학교나 취업에서의 실패뿐 아니라 인생 전체에서 실패하는 것과 같은 느낌이 들 수 있다. 이런 상황에서 실패를 극복해내기란 자신이 선택한 길에서 실패했을 때보다 훨씬 더 어려울 수 있다.

어릴 때부터 학문적인 교육을 하려는 것은 비단 한국의 전통만은 아니고 여러 나라들에서 비슷한 경향을 보인다. 내가 지금 살고 있는 서울에도 다양한 나라에서 온 부모들이 있는데 모두 아이들이 태어나자마자 어떤 교육을 시킬지 고민한다. 외국어 교육도 그중에 하나인데, 대부분 아주 어린 나이부터 외국어 교육을 시키려고 한다. 한국의 부모들도 그런 경우를 종종 보았는데, 두 번째, 세 번째 외국어를 어릴 때부터 한꺼번에 교육하는 것이다. 내가 생각할 때 그런 면에 있어 나는 야망이 적은 듯하다. 나의 쌍둥이 아이들이 유치원에서 중국어 수업을 시작했을 때, 나는 솔직히 이건 아이들에게 너무 가혹하지 않은가 하는 생각을 했다. 아이들은 이미 영어와 한국어를 습득하느라 고생하고 있는데 또 다시 완전히 다른 언어를 배우는 것에 힘을 쏟아야 한다니…. 물론 아이들은 어른들보다 훨씬 빨리 언어를 습득한다는 사실을 잘 알고 있지만, 몇 가지의 언어가 자연스러운 상태에서 습득되는 것이 아니라 그것을 위해 따로 '공부'를 해야 한다면 그건 아이들에게 어려운 일이 된다고 생각한다. 나는 나의 아이들이 앉아서 새로운 언어의 단어를 외우는 것으로 소중한 유치원 시절을 보내지 않았으면 한다. 그 시간에 오히려 밖에 나가서 뛰고 몸으로 부딪치는 놀이를 하며 시간을 보내기를 바란다. 덴마크의 아이들은 대부분 초등학교에 입학하면서 영어를 배우기 시작한다. 물론 한국어와 영어보다는 덴마크어와 영어의 거리가 훨씬 가깝기 때문에 비교적 쉽게 영어를 배우는 편이다. 그리고 덴마크에서는 TV나 외화가 더빙되지 않고 자막만 단

채로 그대로 방영되기 때문에 TV를 보기 시작하는 순간부터 영어에 노출되는 것이다.

물론 부모가 자신의 아이들이 학문적인 내용을 공부하거나 새로운 외국어를 공부하기를 원하는 게 이상한 일은 전혀 아니다. 나 또한 아이들이 그런 능력을 갖추길 바란다. 단지 정식 학교에 들어가기 전부터 지나치게 압박을 줄 필요는 없다고 생각할 뿐이다. 그런 면에서 나는 아마도 매우 북유럽식의 사고를 가진 아빠인지 모르겠다. 아이들이 6살이나 7살 혹은 8살까지도 학문적인 기술에 집중하지 않도록 하는 것은 북유럽의 전통이다. 그렇다고 북유럽의 아이들이 아무것도 배우지 않는 것은 아니다. 조금 성과가 두드러지게 보이지 않는 다른 영역을 집중해서 배우고 있을 뿐이다.

기본적으로 대부분의 북유럽 부모들은 어린 아이들에게 필요한 것은 어떤 특정 기술이나 학문을 습득하는 것보다는 부모가 아이와 함께 있어주는 것이라고 생각한다. 어차피 학교에 들어가면 엄청나게 많은 것들을 배우게 될 것이고, 더 자라서 스스로의 동기부여가 있다면

훨씬 더 많은 것들을 배울 텐데 부모의 욕심과 결정으로 이런저런 교육에 끌려 다니게 해서는 안 된다는 생각인 것이다.

이 책을 쓰기 전까지는 사실 골똘히 생각해본 적이 없었는데, 내가 아이들과 보내는 대부분의 시간들은 무엇을 배우거나 가르치거나 학습하는 것이 아니라 그저 서로 장난치고 뛰어다니며 상상력을 자극하는 일들로 가득 차 있다는 것을 깨달았다. 아이들은 유치원에서 진짜 세상에 적용될 수 있는 수많은 기술들, 편지를 올바르게 쓰거나 셈을 하는 등의 공부를 하기 때문에, 나와 만나는 아침이나 오후 시간에 서로 말도 안 되는 상상력을 뽐내며 놀이를 하는 것은 어쩌면 완벽한 조합인지도 모르겠다. 하지만 이 둘의 간극은 생각보다 크다.

대개 덴마크의 유아들은 사회적인 관계 맺음의 영역을 제외하고는 그 어떤 것에서도 잘하거나 큰 성과를 내는 것을 요구 받지 않는다. 물론 덴마크의 부모들도 아이들이 해야 하는 많은 것들에 대해 이야기하지만, 그건 서로를 대할 때 어떻게 행동하는지에 관한 것이 대부분이다. 부모들은 주로 함께 있는 시간에 집중하고, 아이들에게 집안일을 도와달라고 부탁하거나 혹은 다른 아이들과 있는 시간을 더 많이 만들어 주는 일에 신경을 쓴다. 또 다시 우리는 '휘게'로 돌아오는 것이다. 함께 있는 시간을 배우고, 다른 이들에 대한 공감 능력을 키우는 것에 모든 초점을 맞춘다. 이런 면에서 북유럽의 문화는 개인주의 성향이 강한 다른 문화들에 비해 상당히 집단적 성향이 강한 편이다. 덴마크 부모들에게 자신의 아이들이 어떤 학문이나 영역에서 뛰어난 것은 그리 대단하거나 중요한 일이 아니다. 하지만 아이들이 자신만의 속도에 맞춰 성장하고 성숙해가면서 어떻게 하면 다른 사람들과 잘 지내고 다른 사람들의 감정에 공감하며 그들의 필요를 알아챌 수 있는 사람이 되는가 하는 부분은 매우, 아주 매우 중요한 부분이다.

이처럼 북유럽의 부모들이 초점을 맞추는 것은 아이들이 삶의 기본적인 것들을 배우고, 자연스러운 성장의 속도를 너무 서두르지 않는 것에 있다. 부모는 아이들이 실제로 무언가를 배우고 싶어하는 동기 부여가 충만해졌을 때 자신감을 갖고 그 배움에 임할 수 있도록 도와주는 것이다. 실은 이 생각이 가끔은 너무 지나쳐서 학문적인 공부를 심하게 뒤로 늦추는 경향이 있어서 문제가 되기도 한다. 심지어 어떤 부모들은 자신의 아이들이 아직 충분한 자신감을 갖거나 공부를 시작할 준비가 되지 않았다고 생각해서 학교에 가는 나이를 늦추기도 한다.

나는 종종 북유럽의 아이들이 다른 친구들을 보살피고 서로를 돕는 것에 얼마나 능숙한지를 발견하곤 한다. 자신보다 어린 아이들이 운동장에서 넘어져 있으면 몇 살 더 먹은 아이들이 어른스럽게 동생들을 일으켜주고 다친 곳이 없는지 살펴봐준다. 또 아이들은 새로운 게임과 규칙을 만들어내는 데 아주 뛰어나고, 게임을 하면서 소외된 친구들이 없는지도 꼼꼼히 체크한다. 이렇게 새로운 게임과 규칙을 만들고 여러 아이들과 함께 시간을 보내는 북유럽의 아이들이 자라면 대화를 잘하고 협상에 능한 사람들이 되는데, 이것은 평생을 함께 하는 '삶을 위한 기술'이 된다. 덴마크 사람들이 수학에 뛰어나거나 읽기에 능한 것은 아닌데, 팀워크에 강하고 효율적으로 일하면서 함께 일하는 사람들을 빠짐없이 챙기는 것은 아주 뛰어난 편이다. 나는 이것이 바로 다른 나라의 아이들이 집에서 수학이나 외국어를 공부할 때 덴마크의 아이들은 밖에서 장난을 치며 친구들과 창의적인 방법으로 놀았던 그 어린 시절에서 비롯되었다고 생각한다.

Debbie

'삶을 위한 기술' 혹은 '삶을 위한 학교'의 개념은 북유럽에서 상당히 오래된 전통이다. 이미 1800년대 말 혹은 1900년대 초에 그 단어가 나오고 실행되어왔기 때문이다. 전 세계적으로 교육의 공통점인 '학문적'으로 뛰어난 아이를 만드는 교육은 인간 발달에 아주 중요한 부분이지만 실제로 세상에 나와서 겪는 것은 그 이외의 부분인 '삶을 위한 기술'일 때가 더 많다. 그리고 그것은 마쿠스가 말했듯이 공감능력을 얻는 것에 큰 초점을 둔다. 나의 딸은 수학을 무척 좋아해서 거의 모든 대화에서 정확한 수치가 들어가기를 원하고 논리에 어긋나거나 과학적이지 않은 것들을 별로 좋아하지 않는다. 딱 떨어지는 해답이 있는 것을 좋아하고 그것을 찾아낼 때까지 파고드는 성향이다. 그럴 때 내가 농담처럼 하는 말이 있다. 세상에서의 일이란, 수학 문제의 답을 정확하게 도출해내는 것처럼 결과가 나오는 것이 아니라고 말이다. 아마 그런 것은 이제 인공지능(AI, artificial intelligence)이 대신해줄 가능성이 크고, 우리는 이제 진짜로 인간다운 온도를 가진, 서로를 미세하게 돌보고 기계가 할 수 없는 일을 해내야 하는 사람이 되어야 한다고. 학교에서 열심히 문제만 풀다가 세상으로 나왔을 때 얼마나 당황스러웠는지를 떠올려 보면 간단하다. 우리에게는 삶을 위한 기술을 배울 기회가 너무나 없었다. 실제로 창의력이 높은 사람들은 어느 순간 무언가 새로운 것을 창조해내는 넓은 의미에서의 발명가(inventor)가 되고, 학문적인 지식을 많이 갖고 공부를 열심히 한 사람들은 주어진 테두리 안에서 적용하고 응용하는 역할을 하는 실행자(implementer)가 되는 것을 본다. 무엇이 더 낫다고 말할 수는 없고 모두 자신만의 고유한 성향이며 이 또한 서로가 서로를 도우며 살아가는 공생의 관계이지만 어느 영역에 있든지 삶을 위한 기술은 중요하다. 그래도 아이를 발명가의 꿈을 가진 사람으로 — 자신만의 브랜드, 비즈니스, 혹은 학설이나 책, 디자인, 제품, 캠페인, 교육 등 무엇을 창조하든 — 키우고 싶다면, 아이에게 자유를 허락하고 스스로 탐구하며 결합해 보는 시간을 주어야 한다. 그렇게 꽃이 피는 그날까지 묵묵히 물을 주며 기다릴 줄 아는 부모가 되어야 한다고 나 자신에게도 종종 말하곤 한다.

한국의 많은 부모들은 아이들을 이 중요하고 신성한 유아기에 무리를 해서라도 외국어를 중점적으로 가르치는 유치원이나 학원에 보내려고 한다. 북유럽 아이들이 자기 주도적인 생활방식을 익히고 상상력과 창의력을 발휘하며 자기 생각을 조리 있게 전달하고 공동체를 형성하는 능력에 초점을 맞추고 있을 때, 우리는 자꾸 아이들을 영어나 중국어를 잘하는 아이로 만들려고 한다. 물론 그렇게 하면 아이는 영어는 더 잘하게 될 수 있고, 영어를 할 수 있는 것은 아이 미래에 여전히 매우 중요한 요소일 수 있다. 그러나 영어가 미래를 살아가는 데 있어 첫 번째로 중요한 것은 아니고, 유치원 시절에 중요한 것은 더더욱 아니라고 생각한다.

마쿠스의 말대로 북유럽 아이들은 영어를 보통 초등학교에 들어가서 배우기 시작한다. 그 이전에는 더빙을 하지 않은 TV를 보는 것으로 자연스럽게 영어를 접한다. 한국어를 사용하는 우리에게도 가능한 일일지 따로 검증되지는 않았지만 나는 시도해보았다. 아이들의 유치원 시절에는 TV나 책으로 영어를 생활 속에서 자연스럽게 노출하는 방법을 사용하고 단어를 외우거나 문법을 익히는 등의 '학습'적인 방법을 사용하지 않으려 했다. 왜냐하면 어른들과 달리 유치원 아이들에게는 그것이 가능한 능력이 있기 때문이다. 우리집 아이들에게 TV는 영어로만 나오는 것으로 처음부터 인식되었다. 모든 애니메이션을 영어로만 보았는데, 그게 익숙해 가끔 언어 설정이 잘못되어 한국어가 나오면 원래의 느낌이 나지 않는다며 보지 않는 일도 있었다. 한국어를 사랑하지 않아서가 아니라 원래 보던 익숙한 느낌대로 대사와 노래를 보고 싶은 것이다. 그리고 아이들이 어느 정도 자기 생각을 가지기 시작하는, 유치원을 다니는 나이가 되었을 때는, 아이들 스스로 영어로 애니메이션을 보는 쪽을 택하기도 했다. 영어로 애니메이션을 보면 영어도 배우고 애니메이션도 볼 수 있어서 일석이조인데, 한국어로 보면 언어 교육적인 부분은 얻을 수가 없으니 일석이조가 되지 못한다는 이유를 설명하면서 말이다. 그렇게 해서 자연스럽게 생활 속의 단어들을 익히고 듣는 훈련을 매일 30분씩 했더니 초등학교에 들어가서 학습적으로 영어를 배울 때 훨씬 수월했다. 발음은 TV에서 본 것과 똑같이 하니 별로 수정할 것이 없었다. 북유럽 사람들의 영어 소통은 완전히 자유롭지만 실제로 문법과 테크닉으로 따진다면 그리 완벽하지 않을 수도 있다. 보통의 제2외국어가 그렇듯 결코 완벽하기란 어려워서 글로벌 사회의 모두가 소통이 되는 선에서 영어를 쓴다. 나도 지금껏 수천 장의 리포트를 영어로 썼지만 문법이 틀렸다고 지적하는 사람은 본 적이 없고, 심지어 영어로 책을 쓴다고 해도 미미한 문법적인 실수는 출판사가 다 고쳐주니 그때마저도 염려할 것이 없다. 더 중요한 것은 전달하고자 하는 메시지에 담긴 내용, 콘텐츠, 사고의 독창성과 깊이, 그리고 사람의 마음을 움직일 수 있는 자신만의 보이지 않는 감성일 것이다.

그래서 나는 다시 휘게로 돌아오는 식탁에서는 핸드폰을 덮는다. 우리집 식탁에서 휘게의 서약과도 같은 것이 있다면 핸드폰이나 태블릿과 같은 디지털 세계는 잠시 내려놓는 것이다. 이미 아동정신의학 분야에서는 어릴 때부터 디지털 세계에 빠지는 것은 지능과 감성을 떨어뜨린다는 연구결과가 쏟아져 나오고 있다. 사람의 얼굴을 마주하고 목소리를 들으며 대화하지 않고 핸드폰에 빠지면 창의력, 집중력, 충동 조절 등을 관장하는 전두엽의 발달을 저해해 학습 부진은 물론 특히 공감 능력을 키울 기회가 줄어들어 공격적인 성격이 되거나 차갑고 냉혹한 성격이 되기 쉽다는 보고도 있다. 꼭 연구결과로 확인하지 않더라도 생활 속에서 우리는 이미 그것을 느끼며 살아가고 있다. 공감과 존중, 아무리 강조해도 지나치지 않은 이 시대에 필요한 가치는 핸드폰이 아니라 실제로 얼굴을 마주하는 관계 맺음에서 온다. 나의 아이들은 저녁을 먹고 디저트를 함께 먹는 시간에 그날 학교에서 배운 내용을 나에게 다시 강의해주는 일을 즐기는데 내가 다 잊었던 지구과학, 수학, 생불, 국어 등의 내용이 생생하게 살아서 다가온다. 정말 놀랄 만큼 자세히 설명을 해주는데, 그 주제에 대한 자신의 생각도 덧붙이고 나의 의견도 물어보기 때문에 자연스럽게 토론으로 이어진다. 책으로 읽은 것은 10%가 머리에 남고, 경험을 한 것은 80%가 남는데, 가르쳐본 것은 90%가 남는다는 연구결과도 있으니 아이는 자연스럽게 엄마에게 강의를 하면서 그날 배운 것을 복습하고 자기 것으로 만들고 있는 셈이다. 함께 공감하고 사랑을 나누는 분위기 속에서 말이다.

북유럽의 교육은 서열화를 중요시하지 않는 교육으로도 유명하다. 그들의 교육은 '경쟁'이 키워드가 아니다. 덴마크에는 만약 아이들이 공부를 하다가 중간에 지치면 삶에 브레이크를 걸고 자신을 돌아볼 수 있는 '애프터스콜레(afterskole)'라는 곳에 간다. 마쿠스도 자신의 아이들이 필요하다면 이곳에 1년 정도 보낼 생각이라고 말한 적이 있는데, 이곳은 청소년들을 위한 '삶을 위한 교육'을 표방하는 곳이다. 덴마크는 남보다 조금 더 앞서 가겠다고 아등바등하는 마음은 정말이지 찾아볼 수가 없다. 사람은 자연스러운 성장 속도에 맞춰서 가야 한다고 굳게 믿고 있고, 자신의 본질을 찾거나 자신이 무엇을 할 때 행복한지를 생각할 필요가 있을 때 혹은 세상을 한 번 돌아보고 싶을 때 학문적인 공부나 평가에서 자유로운 또 다른 학교에서 어느 정도의 시간을 보내야 한다고 생각한다. 남들보다 앞서 나간다는 의미는 어릴 때부터 하는 선행학습을 통해 이루어지는 것이 아니라 생각을 평평하게 만들어 서로를 존중하는 사고를 가지는 것에 있다는 것을 인식하지 않으면 아이들은 계속 촘촘하지 않은 나이테를 가진, 빨리 자라기만 하는 나무가 된다. 북유럽의 나무는 추위를 이기고 천천히 자라서 촘촘하고 견고한 나이테를 가지기 때문에 가장 품질이 좋은 나무로 평가 받지만, 따뜻한 나라에서 많은 물을 부족함 없이 먹으며 성큼성큼 자라는 동남아의 나무는 그만큼 단단한 나이테를 형성하지 못해 성글고 무른 나무가 되어 북유럽의 나무에 비해 고급 나무라고 평가 받지는 못하는데, 그것과 마찬가지 이치이다. 아이들은 완벽히 독립된 인격체여서 나의 아이들인데도 불구하고 취미나 특기, 성격이나 행동 어느 것 하나 나와 같은 것이 없다. 아이들이 과연 어떤 어른의 모습이 되어갈지도 지금으로서는 알 수 없다. 사람을 만드는 것은 꼭 가정의 교육만은 아니고 그 사람을 둘러싼 많은 것들이 영향을 주고 받아 만들어지는 것이기 때문이다. 대학의 서열을 노래처럼 외우고, 더 나은 학교, 직장, 연봉을 끊임없이, 보이지 않게 강요하는 사회에서 자란 나는 처음에 그런 사회가 과연 존재할 수 있는지 믿을 수 없을 만큼 신기했다. 자신이 원하는 공부나 커리어, 일을 선택하는 것을 부모가 존중하고 격려해주는 북유럽 문화가 마쿠스의 말대로 덴마크의 행복을 이해하는 데 아주 큰 요소가 된다. 나의 이전 책 『우리를 다시 살아가게 하는 시간 : Heartworking』에서,

'Heartworking'이라는 단어를 만들어내는 데 영감을 준 것도 실은 북유럽 사람들이었다. 나는 그 단어 안에 마음으로 일하기, 마음이 일하는 소리에 귀를 기울이기, 그리고 'networking(네트워킹)'이 아닌 마음을 나누는 'heartworking(하트워킹)'이라는 뜻을 담았는데, 유난히 그들은 일을 할 때 'heart(마음)'라는 단어를 많이 써서 그 단어가 떠올랐던 것 같다. 그들은 "그는 마음과 영혼을 다해 일하는 사람이야"라든가, "그녀는 비즈니스에 자신의 마음을 담는 사람이구나", "그는 정말 좋은 마음을 가진 사람이야"라는 식으로 말했다. 나는 주로 "열심히 일한다", "열심히 공부한다"라는 말을 더 많이 듣고 자랐고 지금도 그러한데, 세상을 둘러보니 마음으로 일한다는 것은 자신이 좋아하는 일을 스스로 선택했을 때 이루어지는 일이라는 것을 서서히 깨닫게 된 것이다. 사회적으로 혹은 가정에서 선택하도록 압박을 받은 일을 할 때는 마음을 다해서 하기가 정말 어렵다. 물론 그런 상황에서도 나는 열심히 주어진 일을 해야 한다고 생각하고 그 일에서도 얻고 배울 것이 있다고 믿는 사람이지만 생산성이 전자만큼 나오기는 어렵다. 그러면서 세계를 더 둘러보니 북유럽과 같은 선진국으로 갈수록 heartworking(마음으로 일하기)을 하는 사람들이 많고, 신흥국으로 갈수록 hardworking(열심히 일하기)을 하는 사람들이 많다는 것이 눈에 보이기 시작했다. 이건 사실 상징적인 단어들이다. 마음으로 일하는 것이 열심히 일하지 않는다는 것을 의미하지는 않는다. 자신이 원하는 일을 열심히 찾은 끝에 그 일을 하게 되면 정말 마음을 담아서 하게 되고, 그건 높은 생산성과 효율성, 나아가서는 높은 경지의 자아실현을 가능하게 한다는 것을 뜻하고자 한 것이다. 그리고 heartworking의 영역은 hardworking의 영역보다 조금 더 높은 소득을 가져올 것이다. 물론 마음을 다해 일한다는 것은 가장 이상적인 상태이기 때문에 쉽게 찾아오는 것은 아니다. 그것을 찾기 위한 자신만의 항해가 반드시 있어야 한다. 그래서 부모로서 나는 아이가 자기 안에서 원하는 일을 찾을 수 있도록 기회를 주고 아이의 그 긴 여정을 지지해주는 마음가짐을 갖고자 노력하고 있다.

북유럽이 선진국에 속하지만 나는 특별히 그들이 다른 나라 사람들에 비해 지능이나 학문적인 능력 면에서 더 뛰어나다는 생각은 별로 해본 적이 없었다. 하지만 그들의 의식 수준이 더 건강하다는 생각은 해본 적이 있다. 북유럽은 '언론의 자유(freedom of speech)'를 무척이나 중요하게 생각하는 곳이지만, 생활 속에서 서로에게 '자유'라는 이름을 빌려 상처를 입히는 말을 함부로 하는 것을 거의 보지 못했다. 상처를 주는 말을 하는 것은 표현의 자유가 아니기 때문이다. 그것은 상대방이 아무런 힘을 갖지 않은 아이이든, 사회적 이익관계가 얽힌 사람이든, 동료나 친구이든 늘 그렇다. 마쿠스와 함께 책을 집필하면서도 나는 그의 인성에 대해 속으로 감탄하고는 했다. 행여나 자기가 너무 이기적으로 굴지는 않았는지, 너무 자신의 주장만 하지는 않았는지 늘 돌아보고 나에게 물어보면서 작은 일에도 사과를 하곤 했다. 그러면 나는 펄쩍펄쩍 뛰며 마쿠스는 단 한 번도 이기적인 적이 없었을 뿐만 아니라 오히려 배려가 지나치게 많아서 탈이라고 대답했다. 서로에게 늘 감사하다는 말을 덧붙이는 것도 잊지 않았다.

'삶을 위한 지혜'을 가진 사람은 학문적으로 뛰어나 지식을 줄줄이 읊는 사람보다 때때로 더 큰 감동을 준다. 『사피엔스』의 저자인 유발 하라리(Yuval Noah Harari)는 인간에게는 지능(intelligence)과 의식(consciousness) 두 가지가 있다고 말하면서 의식의 중요성에 대해 강조한 바 있다. '인공지능'이라는 것은 있지만 '인공의식'은 존재하지 않으니 높은 수준의 의식을 가진 사람이 되는 것이 인공지능을 넘어설 수 있는 방법은 아닐까 생각한다. 삶을 위한 기술을 익히는 것은 바로 이 의식을 조금 더 높은 수준으로 끌어올리는 일이다. 나만 생각하며 사는 단계를 넘어서 다른 사람들을 배려하고 세상에 긍정적인 영향을 끼치는 삶으로 나아가는 것이다.

가장 좋은 놀이는 살짝 위험하다

Markus

여기 또 다른 스칸디나비아식 놀이 문화가 있다. 어쩌면 보통 사람들이 보기에는 위험해 보일 수도 있는 놀이이다. 아이들이 나무에 오르거나 나뭇가지를 휘두르며 놀 때는 넘어지거나 서로를 긁히게 할 수 있는 위험이 있다. 하지만 다시 한 번 강조한다면 약간의 위험에도 불구하고 아이들이 이런 놀이를 할 수 있게끔 자유를 주는 것은, 부모들이 아이들 스스로가 계속적으로 다양한 시도를 함으로써 자신의 한계를 알아갈 수 있다고 신뢰하는 것이다.

북유럽에서 아이들이 어떻게 노는가를 지켜보는 외국인들은 가끔 우리가 조금 무모하다고 생각하는 듯하다. 유치원에 있는 아이들이 모닥불에서 스스로 핫도그를 구워 먹는다든가, 여름 하지날 축제를 위해 가족들이 뒷마당에서 커다란 모닥불을 피우는 것을 보면 외국인들은 숨을 멈추고는 눈을 동그랗게 뜨고 쳐다보기도 한다.

북유럽의 먹거리도 가끔 다른 나라 사람들이 보기에는 좀 거칠어 보이기도 한다. 다양한 곡물이 들어간 호밀빵은 두툼하게 성큼성큼 썰

려있고, 거기에 'leverpostej'라고 불리는 상당히 느끼해 보이는 간 페이스트에 비트루트 피클, 혹은 소시지를 곁들여 아이들에게 주기 때문이다. 사과는 깎아서 먹는 법이 없고, 늘 멍이 들거나 갈색 점이 있는 그대로 껍질 채로 먹는다. 당근도 마찬가지다. 아이들은 깎지도 않고 초록색 잎이 그대로 달린 당근을 들고 다니며 우적우적 먹는 일이 다반사다.

나는 아이들과 거칠게 놀고 어느 정도의 위험에 아이들을 노출하는 것은 아빠의 역할이라고 생각한다. 나의 아내는 싸우는 놀이나 몸으로 놀아주는 데에 골몰하는 타입이 아니다. 물론 그녀도 가끔 그러기는 하지만, 최소한 그녀보다는 나에게 훨씬 더 중요한 영역을 차지하는 것이 몸을 써서 아이들과 놀아주는 것이다. 이건 나뿐만 아니라 아이들을 둔 나의 모든 친구들도 비슷하다. 나무를 기어오르며 놀게 하거나, 좀 더 어려운 수영법에 도전하게 하는 것 등은 주로 아빠의 몫이다. 앞서 말했듯 이 모든 활동들은 아이들이 자신이 할 수 있는 것과 할 수 없는 것을 알아가면서 자신의 몸과 주변상황을 탐험하고 자신감을 얻는 일에 여러모로 많은 도움을 준다.

나는 가끔 나의 공구 박스를 열 때 아이들을 불러서 그 도구들을 느끼게 한다. 특히 날카롭거나 무거운 것들에 대해서 더욱 그런 시도를 하는데, 물론 아이들이 다치지 않게 주의를 시키지만 때로는 슬쩍 약간은 다치게끔 두기도 한다. 그래서 내가 없을 때 혹시 아이들이 도구들을 만지게 되더라도 더 큰 사고가 나지 않게 그 위험성을 가르쳐 주려는 것이다. 초에 불을 켤 때에도 아이들이 직접 불을 켜볼 수 있게끔 해서 불이 얼마나 위험한 것인지를 말해주고 체험하게 한다. 덴마크에는 이런 말이 있다.

"Brændt barn skyr ilden(불에 데인 아이는 불을 조심한다)."

당연히 아이를 불에 데이도록 내버려두라는 말은 절대 아니다. 단지 만약 그랬다고 하더라도 세상의 끝은 아니며 그때에도 아이들은 배우는 것이 있다는 말이다.

나는 3살짜리 쌍둥이들에게도 칼로 야채를 자르거나 날카로운 가위를 사용해볼 수 있게 한다. 나는 이런 것들을 최대한 많이 아이들에게 노출시키려고 하는데, 아이들은 위험한 것들에 묘하게 끌리는 경향이 있다. 내가 날카로운 요리 도구나 전기 공구를 꺼내 들면 아이들은 갑자기 심각하게 조용해지고 눈은 점점 동그랗게 커져간다.

이런 놀이는 꼭 위험한 것이 아니어도 괜찮다. 나는 서울에 있는 공원에 아이들과 산책을 가면 아이들과 어떤 지점에서 만나기로 하고는 잠깐 헤어진다. 아이들이 잠깐 동안 혼자 있는 시간을 보내면서 길을 스스로 찾아보는 놀이를 하는 것이다. 나는 어떤 지점을 가리키면서 이렇게 말한다.

"자, 저기 호수 맞은편에 있는 나무 보이지? 우리 저기에서 만나는 거야! 아빠는 이쪽 길로 갈 테니까 너는 저쪽 길로 가."

물론 나는 그들이 어디에 있는지 정확히 알고 있지만 그건 아이들에게 아주 잠깐 동안 혼자 모험을 하는 듯한 착각에 빠지게 하고, 만나기로 한 장소에 다다르기 위한 길을 찾는 미션에 집중하게 만든다. 나는 이 놀이를 몇 번에 걸쳐서 해봤는데, 그때마다 잠깐 동안이지만 아빠를 잃어버렸다고 생각한 아이들에게 얼른 달려가서 위로를 해주어야 했는데, 아이들이 트라우마를 가진다기보다는 오히려 다음주에 그 게임을 또 하자고 할 정도로 그 상황을 즐겼다. 부모가 곧 나타나서 자신을 구해줄 것이라는 것을 아이가 알고 있다면 잠깐 무섭고 두려운 순간을 겪는 것도 나쁘지는 않다. 그 경험이 결국 그다지 두려운 것만은 아니라는 것을 곧 깨닫게 될 테니까 말이다.

나는 인간의 발달과정에서 아이들을 위험에 노출시키는 것이 중요한 과정 중 하나라는 연구결과에 동의한다. 나는 때때로 아이들이 자신이 어디까지 시도해볼 수 있는지를 명확하게 알고 있다는 사실에 경이로움을 느낀다. 아이들은 나무에 오를 때, 정확히 자신이 어느 지점에서 멈춰 다시 내려와야 하는지를 알고 있다. 아마 그 다음주에는 조금 더 올라가는 것을 도전해 볼 테고, 그렇게 도전했던 자신에 대해 자부심을 또한 느끼게 될 것이다.

나는 두 아들과 싸움 놀이를 자주 하는데, 아이들은 집의 마룻바닥이나 침대 위에서 나에게 점프를 해서 튀어 오르기도 하고, 나를 바닥으로 끌어내리려고 하기도 한다. 우리는 볼이 빨갛게 변하고 숨이 찰 때까지 으르렁거리면서 사자처럼 서로의 주위를 맴돌며 온몸으로 싸운다. 이건 내가 아이들과 하는 놀이 중 가장 즐거워하는 놀이인데, 이걸 통해서 아이들도 많은 것을 배운다. 때로 싸움이 너무 거칠어지면 아이들은 "그만!"이라 외치며 침대에서 나와 싸움을 잠시 멈추는데, 몇 분이 채 지나지 않아서 다시 싸움을 걸기 위해 침대 위로 점프해 올라온다. 보통 아이들은 중세의 기사가 되고 나는 그들을 공격하는 용이나 괴물의 역할을 맡는다. 아이들은 나에게 마법을 거는 척 하기도 하고, 담요 아래 숨었다가 다시 나타나 깜짝 공격을 하기도 한다.

이런 싸움 놀이가 아이들이 자신의 신체와 강점을 이해하면서 성장하는 데 매우 중요하다는 연구는 아주 오래 전부터 알려진 것이다. 또한 싸움 놀이는 아이가 자존감을 쌓고 두려움이나 분노를 조절하는 법을 배우게끔 도와준다. 아이가 용을 상대로 격렬히 싸우는 중세의 기사라면 아이는 정말 화가 나고, 이를 악물면서 큰 소리를 지르는 것이 허락된 것이다. 그렇게 함으로써 아이는 다양한 범주의 감정을 — 용과 싸울 때는 매우 화가 난 공격자였다가 용이 너무 강해지면 스스로 수동적으로 변해 항복을 하는 등 — 경험하게 된다. 전문가들은 이런 다양한 감정을 경험하도록 신체를 훈련시키면, 실제 삶에서 맞닥뜨리는 스트레스를 조절하는 것이 훨씬 쉬워진다고 말한다. 실제로 그것은 나에게도 적용되는 말이다. 이런 비슷한 상황은 동물들에게서도 볼 수 있는데, 우리가 생각하는 것보다 신체적인 경험은 훨씬 더 중요한지도 모른다.

나는 어른들이 아이들에게 숫자나 맞춤법 같은 어른 세계의 것들에 대해 너무 많이 생각하도록 압박을 주어서는 안 된다는 말을 많이 들으면서 자랐다. 최소한 그들이 취학 전의 아이들이라면, 자신의 감각과 몸을 사용해서 세상을 탐구하고 탐험할 수 있도록 허락해주어야 한다고 배웠다. 많은 북유럽의 부모들은 아이들에게 과제를 주거나 무엇을 하라고 지시하기보다 아이들의 손을 잡고 밖으로 나가서 아이가 스스로 자기 자신의 길을 찾도록 내버려 두는 방법을 택한다.

서울에서나 코펜하겐에서 아이들과 함께 숲 속을 걷는 부모들을 보면 나는

가끔 동물 다큐멘터리를 떠올리곤 한다. 사자나 호랑이의 새끼들이 부모의 뒤를 두 걸음쯤 떨어져서 걷는 그런 장면 말이다. 때때로 새끼들은 아빠 사자의 등에 올라타서 약간의 싸움을 벌이며 앞으로 자신에게 다가올 더 많은 진짜 싸움을 준비한다. 이렇게 자연적이고 몸을 쓰는 방법으로 아이들을 훈련시키는 놀이법은 최근 들어 더 관심을 받고 있다. 덴마크에서는 신체적인 놀이 방법에 익숙하지 않은 부모들을 위한 코스가 생기기도 했는데, 그 코스의 이름은 다름 아닌 "타이거 트레이닝(Tiger Training)"이다.

Debbie

마쿠스의 놀이를 보면 왠지 그들의 조상인 바이킹이 떠오른다. 강인하고 위험에 맞서 용기 있게 대처하는 그들의 태도 말이다. 사실 그들과 일하면서 가장 애를 먹는 부분 중 하나는 그들의 엄청난 강철 체력이었다. 작은 아시아 여자인 내가 따라잡기 가장 어려운 부분이다. 어릴 때부터 추위를 무서워하지 않고 자연 속에서 뛰어 놀았던 훈련이 평생 가는 건지, 그들은 웬만해서는 아픈 일도 별로 없고, 장시간의 비행 후에 쉬는 시간 없이 일정을 강행하는 것도 그리 어려운 일이 아닌 것처럼 보였다.

북유럽 교육에서는 몸을 사용하는 놀이나, 스토리를 통해서 어릴 때 다양한 감정을 느끼게 하는 것을 중요하게 생각한다. 그것이 자존감과 공감 능력을 높여주고 성인이 되어서는 오히려 감정을 잘 절제하게끔 만들어주는 게 아닌가 싶다. 실제로 어떤 상황에서도 쉽게 화를 내거나 분노하거나 흥분하는 일이 좀처럼 없는 북유럽 사람들을 보면, 오히려 그런 감정을 어릴 때 경험하게 하고 자신의 감정을 스스로 다루는 법을 교육하는 것이 중요함을 느끼게 된다. 아무 이유 없이 신체적인 놀이를 통해서 다양한 감정을 느끼게 하는 것은 어떠한 트라우마나 상대방에 대한 감정을 남기지 않으니 더없이 좋은 방법이기도 하다.

어려서부터 많은 인지교육에 둘러싸여 자란 아이들은 감정을 표출하는 데 서툴러 충동이나 화를 잘 조절하지 못하는 경우를 종종 본다. 뇌과학 전문가들은 암기나 주입식 위주의 교육은 뇌의 뒤쪽을 반복해서 쓰게 하는데, 창의력이나 독창성, 그리고 충동을 조절하는 기능은 뇌의 앞쪽, 즉 전두엽에서 담당하기 때문에 뇌를 발달시키는 방법 자체가 다르다고 말한다. 감성을 담당하는 우뇌의 활성화지수도 어릴 때부터 지나친 인지교육에 끌려 다니는 아이들은 현저히 낮게 나온다는 조사결과도 있는데, 이 모든 결과가 감정에 관한 배움이 얼마나 중요한지를 역설적으로 보여준다. 그것은 교육이라기보다 자신이 원하는 일을 마음껏 할 수 있게끔 해주는 것, 지친 뇌에 산소를 공급해주고 재충전할 수 있는 시간의 여유를 넉넉히 주는 것을 의미한다. 그렇다면 북유럽의 교육은 전두엽을 발달시키는 것에 더 초점을 두는 것이라고 할 수 있겠다. 자존감, 자부심, 한계에 대한 도전, 두려움과 스트레스의 조절, 자기주도적인 기획력 등은 내신성적이나 수능점수로 표현하기 어려운 부분이지만 결국 사회생활에서는 미적분을 잘 풀어내는 것보다 훨씬 중요하다는 것을 우리 모두 알고 있지 않은가. 나는 나의 아이가 머리만 크는 아이보다는 마음도 함께 자라는 아이가 되길 바란다. 마쿠스도 그리고 다른 부모들도 그럴 것이다. 머리는 자라서 지식으로 가득 찼는데 마음이 자라지 못해 미성숙한 행동이나 언어습관을 가진 사람이 되는 것만큼 불균형해 보이는 것도 없으니 말이다.

북유럽에서는 암기하고 지식을 쌓는 교육이 아무래도 아시아만큼은 못하다고 스스로 반성하는 목소리가 있다고 한다. 그래서 요즘 북유럽의 TV에는 아시아의 교육을 본받아서 열심히 공부를 하자는 각성의 다큐멘터리가 방영된다고 한다. 서로 다른 나라의 장점을 배우고자 하는 노력은 어디에나 존재하고, 그럴 때면 나는 항상 한국의 아이들이 얼마나 수학 문제를 뛰어나게 푸는지, 예술에는 얼마나 조예가 깊은지, 과학에서는 얼마나 앞서가는지, 전 세계에 우수한 한국 아이들이 얼마나 많이 포진해있는지 등에 대해 신나게 이야기하곤 한다. 물론 북유럽의 장점과 아시아의 장점을 잘 융합해서 균형을 잡는 것은 나의 도전 과제이지만 말이다.

SCANDI OUTDOOR GAME

북유럽의 아웃도어 게임

숨바꼭질
Hide and Seek

숨바꼭질은 모든 사람들이 사랑하는 오래된 놀이지만, 덴마크에서는 조금 다른 방법으로 놀이를 한다.
우선 빈 캔이 필요한데, 캔 대신 플라스틱 병을 사용해도 괜찮다. 숨바꼭질의 술래는 이 캔(혹은 병)을 놀이터의 한가운데나 공원의 길 어디쯤 잘 보이는 곳에 둔다. 숨은 사람을 찾아야 하는 술래는 — 아이들과 숨바꼭질을 할 때면 대부분 내가 술래가 된다 — 이 캔을 보호해야 한다. 내가 만약 숨어있는 야콥을 발견했다면 나는 그 캔이나 병에 달려가서 병을 힘껏 차면서 외친다.
"야콥이 병 속에 있어요!"
그런 다음 나는 야콥을 병이 있는 곳으로 데리고 가고, 우리는 야콥이 마치 그 병 안에 갇혔다고 상상하며 행동을 한다. 술래인 내가 다시 아이들을 찾으러 다니는 동안 피터가 병으로 재빨리 달려가서는 병을 힘껏 차면서 소리를 친다.
"모두 다 병에서 나왔어요!"
만약 피터가 나보다 병에 빨리 도달하면 나는 아이들이 다시 숨을 때까지 20을 세야 한다. 나의 아이들은 아직 이 버전의 게임을 하기에는 다소 어리지만 그래도 다같이 해보려고 노력하는데 할 때마다 정말 재미있다.
그리고 술래가 아닌 사람도 보통 숨바꼭질처럼 그냥 몸을 웅크리고 숨는 것이 아니라, 병을 찾으러 뛰어 다니면서 몸을 더 움직이기 때문에 운동 효과도 있다.

물 싸움
Water Fight

더운 여름날이면 나는 물풍선과 물총을 챙겨서 아이들과 함께 공원으로 향한다. 보통 물총싸움을 하듯이 서로를 향해 총을 쏘는 것이 아니라 우리는 공원에 있는 나무들이 괴물이나 공룡이라고 가정하며 놀이를 한다. 나무가 어떤 것인지는 아이들이 마음껏 상상해서 정하도록 내버려둔다. 아이들은 때로 세 가지 정도의 적을 생각하는데, 마법사나 거대한 상어, 닌자와 같은 것들이다. 어떤 것이든지 게임의 의미와는 아무 상관이 없으니 무엇이든 괜찮다. 집에서는 결코 할 수 없는 압도적인 크기의 상상 속에서 몸을 움직이는 놀이를 한다는 것 자체에 의미가 있다. 우리는 돌아가며 나무에 물을 쏘고 물풍선을 신나게 던진다. 물론 그 이후에는 거의 본능적으로 서로를 향해 물총을 쏘는 전통적인 방법으로 마무리하지만 말이다.

분필 도시
Chalk City

나는 밖에 나갈 때마다 항상 분필 한 통을 가지고 다닌다. 한국에서는 이런 부모들을 별로 본 적이 없지만, 분필 한 통만 있으면 거의 어디에서든 이 활동을 할 수 있다.
이 놀이는 아스팔트가 있는 곳, 꽤 부드러운 표면을 가진 곳이라면 어디에서든 가능하다. 이왕이면 색이 다양한 분필을 꺼내서 당신만의 도시를 그려보기를 바란다.
나는 게임을 시작하기 전에 분필로 바닥에 큰 집을 그려놓는다. 내가 그리 대단한 아티스트는 되지 못하는지라 그냥 지붕과 벽이 있는 아주 간단한 집을 그리는 게 전부이다. 그러고는 아이들에게 "이건 경찰서야"라고 말한다. 아니면 궁전을 그려놓고 "여기는 왕이 사는 곳이야"라고 말하기도 한다. 그 다음에는 내가 이렇게 그리는 모습을 열심히 지켜본 아이들에게 질문을 한다.
"도시에는 또 어떤 것들이 있지?"
그러면 아이들은 아마 이렇게 대답할 것이다.
"동물원!" 혹은 "유치원!"

그러면 나는 동물원과 유치원을 그린다. 몇 분이 지나면 아이들은 모두 분필을 꺼내어 들고 자신만의 빌딩을 그려 넣기 시작한다.
그림을 그릴 공간이 충분히 있다면, 아이들이 자전거나 스쿠터를 타고 지나 다닐 수 있는, 혹은 달릴 수 있는 코스를 그려보는 것도 좋다. 그러면 나는 그 코스 위에 화산이나 호수 같은 장애물을 그리고 길을 만들어간다. 아이들은 내가 하는 것을 보고 또 저마다 상상해낸 장애물, 이를테면 악어나 괴물 같은 것들을 그린다. 우리가 그리기를 마치면 순서대로 그 코스를 따라 자전거를 타거나 달리기를 한다. 물론 화산이 나타나면 그걸 뛰어넘어야 하고 악어와 싸워서 이겨야 하는 미션 또한 통과해야 한다.

석기시대 사냥꾼
Stone Age Hunters

이 놀이도 약간의 상상력을 필요로 한다. 이 놀이의 가장 중요한 부분은 나의 두 아들과 딸이 좋아하고 즐기는 간단한 무기나 연장을 만드는 것에 있다.
나는 아이들과 숲이나 공원을 갈 때 항상 잘 드는 야외용 나이프를 들고 간다. 심지어 첫째 아들은 자기 소유의 나이프를 가지고 있는데 내가 옆에 있을 때에 한해서 사용하도록 허락해준다.
그 나이프를 가지고 우리는 긴 나뭇가지를 잘 다듬어서 뾰족한 창으로 만들기도 하고, 짧은 나뭇가지는 화살로 만든다. 그리고 활로 쓸 만한 튼튼하면서도 잘 구부러진 나뭇가지를 찾는다. 질 좋고 단단한 나뭇가지와 끈 하나만 있으면 멋진 활을 만들 수 있는데, 아이들은 이걸로 활 쏘기 놀이를 하는 것을 좋아한다.
내가 한 손으로 활을 잡고 있으면 아이들이 끈을 뒤로 잡아당겨 활을 쏜다. 창이나 화살은 아이들이 다치지 않도록 너무 뾰족하게 만들지 않도록 주의해야 한다. 나는 끝이 고무로 만들어져 있어서 쏘면 유리창에 들러붙는 가짜 플라스틱 화살보다는 우리가 직접 나무로 만든 화살을 여전히 좋아한다. 당장이라도 로빈 후드로 변신할 수 있을 것 같지 않은가.
그리고 아이들은 자신의 손으로 자연의 재료를 사용하여 무언가를 창조해내고는 엄마, 아빠에게 "이거 보세요! 바로 제가 만든 거예요"라고 말하며 뽐내 보일 것이다.
그때 아이들의 눈은 행복함으로 반짝인다. 아이들에게 이런 경험을 선물해주는 것은 그 어떤 것보다 특별하고 의미가 있는 일이다.

보트 경주
Boat Race

이 놀이를 하기 위해서는 강이나 시냇물, 혹은 호수가 있는 곳을 찾아야 하지만, 그걸 찾을 만한 충분한 가치가 있는 게임이다. 이 놀이는 경주를 위한 보트를 만들고 시작할 수도 있지만, 보트 없이 그냥 지나다가 호수나 시냇가가 보이면 즉흥적으로 할 수도 있다. 아이들과 토요일 하루 온종일 이 놀이를 하며 보낸 적이 있을 정도로 아이들이 정말 좋아하는 놀이다.
일단 우리는 종이에 원하는 모양의 보트를 그리는 것으로 시작한다. 나의 꼬맹이 둘째와 셋째는 아직 그림을 그릴 수 없으니 내가 대신 그려주는데, 첫째 아들은 보트에 대포와 엄청나게 많은 엔진들까지 그려 넣는다. 실제 종이로 만든 보트는 그리 첨단적이지 않아도 괜찮다. 종이 보트는 몇 번 잘 접기만 하면 물에 뜰 수 있으니 말이다.
이때 와인 코르크와 같은 다른 재료를 이용하면 상당히 근사한 보트를 만들 수 있다. 코르크 마개를 반으로 잘라서 생일축하 깃발을 꽂거나 이쑤시개를 사용해서 다른 깃발을 꽂는 방법으로 말이다. 나뭇조각이나 종이컵을 반으로 잘라서 이용하면 보트의 모습은 더 발전한다. 더 재미있게 만들기 위해 보트에 레고 피규어를 넣어서 잘 붙여주면 더 그럴듯한 보트가 된다.

나는 아이들이 직접 보트에 색을 칠할 수가 있는, 종이로 만든 보트를 더 좋아한다. 그래서 아이들과 보트를 만들 때면 크레용을 잔뜩 가지고 나가서 아이들이 보트에 온갖 모양을 그릴 수 있도록 한다. 여기서 중요한 것은 자기 자신만의 보트를 만드는 것, 그리고 다른 사람의 보트와는 차별화된 보트를 만드는 것이다. 아이들이 스스로 만든 보트를 자랑스럽게 생각할 수 있다면 그 보트가 멋있어 보이는가 아닌가는 중요하지 않다. 그리고 아이들이 생각하는 대로 보트를 꾸미고 칠할 수 있도록 자유를 준다면 아이들은 더욱 자신의 보트에 대해 자부심을 가지게 된다. 여기서 또 한 가지 중요한 점은 아빠도 함께 보트를 만들어야 한다는 것이다. 아빠가 자신의 보트를 만들지 않거나, 이 경주에서 누가 이기는 것 등에 관심을 보이지 않으면, 이 게임은 제 기능을 하지 못한다.
이 원칙은 모든 놀이 활동에서 동일하게 적용된다. 아이들은 아빠가 별 관심이 없거나 마음이 다른 곳에 있다는 것을 금방 눈치챈다. 아빠도 보트를 열심히 꾸며야 하고 자신이 생각하기에 멋지다고 느낄 정도로 최선을 다해야 한다. 이 경주를 위한 최적의 장소는 물이 한 방향으로 흐르는 시냇가나 강이다.
보트를 시냇가의 한쪽에 띄우고 카운트다운을 시작한다.
"3, 2, 1, 출발!"
아이들과 시냇물을 따라 같이 걸으며 보트를 쫓아가도 된다. 보트가 시냇물을 따라 떠내려가는 것을 보는 것은 언제나 짜릿하다. 우리가 처음으로 이 놀이를 했을 때 나의 아이들은 보트를 따라가며 신이 나서 위아래로 점프를 하며 소리를 질렀다.
원한다면 여기에 더 많은 규칙을 넣을 수도 있다. 나는 주로 남산공원에서 이 놀이를 했는데, 남산공원에 있는 시냇가는 군데군데 폭이 좁아져 보트가 가지에 걸리는 경우가 있다.

그래서 첫 번째 경주를 하고 나서 우리는 규칙 하나를 추가했다. 모두 나뭇가지 하나를 찾아서 들고 보트가 중간에 걸리면 세 번씩 자신의 보트를 구할 수 있다는 규칙이었다. 때로 더 많은 규칙을 만들어넣는 것도 재미를 더해준다. 아이들과 어떤 규칙이 더 공정한지 토론을 해볼 수도 있다. 보통 아이들은 놀이의 규칙 수준을 창조해내는 데에 아주 탁월한 센스를 가지고 있다.

물론 놀이를 하다 보면 아이들은 자신의 보트가 제일 꼴찌로 들어오거나 혹은 다른 곳으로 좌초되는 일이 생기면 기분이 상해 울상이 되기도 하지만, 경주를 여러 번 할수록 기분이 상하는 일은 줄어든다. 경주에서 진 아이들이 너무 속상해 하면 나는 재빨리 화제를 돌려서 다음 경주에는 아빠가 더 나은 보트를 만들 수 있도록 도와주겠다거나 다음에는 어떤 종류의 배를 만들고 싶은지 따위를 물어본다.

이렇게 하면 아이는 자신이 꼴찌를 했다는 사실을 금방 잊고 다음에 어떻게 하면 더 잘할 수 있을지를 골똘히 생각한다. 나는 아이들이 자라서 겪게 될 수많은 비슷한 상황에서도 이렇게 관점을 긍정적인 방향으로 돌릴 수 있길 바란다.

스칸디대디의 서바이벌 팩

아이들과 함께 나갈 때 챙겨야 할 것들

분필 | **먹거리**(당근, 사과, 아몬드, 크래커) | **잘 드는 나이프** | **책 몇 권** | 보트나 비행기를 만들 수 있는 **A4 사이즈의 종이** | **물티슈** | **테니스 공** (어떤 즉흥적인 게임을 만들더라도 유용하게 쓰인다.)

Fiskefrikadeller
med
remoulade

피스크프리카델라

레물라데 소스를 곁들인 전통 덴마크식 생선볼

신선한 생선이 많이 잡히는 여름이면 손쉽게 먹을 수 있는 요리이다. 생선은 영양소가 풍부한 고단백 음식이지만 아이들이 별로 좋아하지 않는 음식이기도 한데, 생선볼과 함께 먹는 달콤한 전통 소스인 레물라데(Remoulade)를 곁들이면 아이들에게 생선이 꼭 그렇게 맛없는 것만은 아니라는 것을 알려줄 수 있다.

재료

대구살 혹은 다른 흰살 생선 500g

계란 2개

빵가루 2큰술

레몬주스 1큰술

소금, 후추 약간

버터나 오일

선택재료

반죽을 부드럽게 만들어줄 약간의 우유나 물

채친 야채(당근 1개, 감자 1개, 양파 1/2개)

신선한 차이브(부추)

레물라데(Remoulade) 소스

마요네즈 1컵

사워크림 1컵

레몬주스 1큰술

다진 피클 2큰술

케이퍼 1큰술

다진 야채 2큰술 (당근, 양배추 혹은 양파)

껍질 벗긴 사과 다진 것 1/2개

커리 파우더 1작은술

튜메릭 파우더 1/2작은술

소금, 후추 약간

1. 칼이나 푸드 프로세서를 이용해서 생선살을 다진다. 아주 잘게까지 다지지 않아도 된다.
2. 다진 생선살을 큰 볼에 담고, 거기에 계란, 빵가루, 레몬주스, 소금과 후추를 넣고 큰 스푼으로 30초간 잘 섞는다. 이게 기본 반죽이다. 조금 더 부드러운 반죽을 원한다면 우유나 물 혹은 생선 스톡 같은 것을 조금 첨가해도 된다.
3. 선택적으로 감자, 당근 혹은 양파를 채 쳐서 넣는다. 나는 얇게 다진 차이브나 당근을 넣는 편인데 한국에 온 이후로는 김치나 고추 같은 재료를 넣기도 한다.
4. 큰 프라이팬에 버터와 오일을 넣고 소리를 내기 시작하면 생선볼을 넣어 익힌다.
5. 두 개의 숟가락으로 동그란 생선볼 모양을 만든 뒤 아래로 부드럽게 눌러준다.
6. 뒤집어서 약 5분 정도 더 익히거나 옅은 갈색빛이 될 때까지 익힌다.

레물라데 소스 만들기

중간 크기의 볼에 마요네즈와 사워크림, 소금, 후추, 레몬주스와 각종 양념들을 넣고 잘 섞는다. 다진 야채를 더 넣고 섞은 뒤 작은 볼에 담는다. 이 소스는 북유럽의 유명한 전통 메뉴인 오픈 샌드위치(Smørrebrød, 스뫼르브뢰)[2]의 토핑으로도 훌륭하게 쓰일 수 있어서, 호밀빵이나 삶은 감자에 곁들여 먹기도 한다.

2 빵 위에 여러 가지 재료(토핑)를 얹어 뚜껑을 덮지 않고 먹는 샌드위치를 말한다.

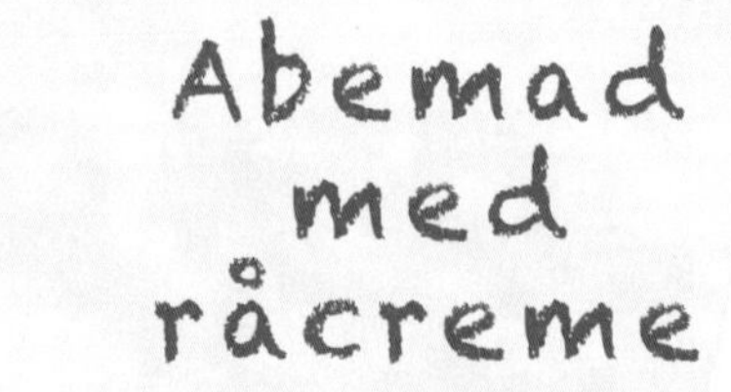
Abemad
med
råcreme

크림을 곁들인 몽키 푸드

나의 아이들은 이 '뒤죽박죽 음식'을 정말 사랑한다. 나는 이 몽키 푸드를 보통 3시쯤 아이들 간식으로 만들어주곤 하는데 가벼운 디저트로도 손색이 없다.

크림 재료

크림 500ml
바닐라 스틱 1개
계란 노른자 2개
설탕 100g

** 최소한 세 가지의 과일이 필요한데, 특히 키위와 바나나 그리고 오렌지는 좋은 조합이다. 사과나 배, 수박, 파인애플을 넣어도 훌륭하다.*

❶ 과일은 한 입 크기로 잘라서 작은 볼에 한 사람 분량을 각각 담는다.

❷ 바닐라 스틱을 반으로 잘라서 그 안에 있는 씨를 긁어내 설탕과 섞어놓고, 크림은 폭신폭신한 느낌이 들 때까지 휘핑한다.

❸ 완성된 크림에 계란 노른자, 설탕과 섞은 바닐라 씨를 넣는다.

❹ 크림을 잘 섞은 후 한 입 크기로 잘라놓은 과일 위에 뿌려 함께 먹는다.

SCANDI DADDY'S FALL

Man skal kravle, før man kan gå.

You have to learn how to crawl before you learn how to walk.

걷는 것을 배우기 전에 꼭 기는 법을 배워야 한다.

- 덴마크 속담 중 -

3 가을 Fall

드디어 찾아온 휘게의 시간

Markus

가을은 적어도 나에게 있어서는 가장 스칸디나비아적인 계절이다. 왠지 모르겠지만 9월, 10월, 11월은 북유럽의 나라들에게 많은 의미를 준다. 마치 가을이 주인공이고 봄, 여름, 겨울은 들러리와 같다고 할까. 가을은 사라지는 것이 아니라 언제나 우리의 뒤뜰에 바스락거리며 숨어 있다가 그맘때면 슬그머니 다시 나타나는 기분이다. 한여름에도 종종 날씨가 갑자기 바뀌어 북해에서 불어오는 스산하고 강한 바람이나 흩뿌리는 비를 만나기도 하기 때문이다.

이윽고 공기가 차가워지기 시작하는 9월 즈음이 되면, 날씨는 북유럽의 풍경과 그곳에 사는 사람들의 정신세계와 아주 잘 어울린다는 느낌을 준다. 나뭇잎들이 가을로 물들며 나무에서 하나둘 떨어지고, 하루 종일 비가 오거나 어두움이 일찍 찾아오는 날이 늘어가면, 왜 그런지 알 수는 없지만 모든 것들이 제자리를 잘 찾아가고 있다는 느낌을 받는다. 가을은 우리에게 뭔지 모를 우울감을 함께 가져오지만, 그건 나 자신의 내면을 들여다보고 친구와 가족들을 가까이에 둘 수 있는 기회이기도 하다. 확실히 가을은 상반된 것들이 함께 펼쳐지는 계절이다.

만약 11월에 북유럽의 어느 국가에 방문한다면 세상에서 가장 행복한 나라에 도착했다는 느낌은 전혀 받을 수 없을지도 모른다. 가을의 북유럽은 하루 종일 내리는 비, 강한 바람, 끊임없이 계속되는 어두움이 걷힐 줄 모른다. 유명한 덴마크의 시인 헨릭 노드브란트(Henrik Nordbrandt)는 이 그치지 않는 특별한 가을의 경험을 다음처럼 묘사한 적이 있다.

'일년은 16개의 달로 이루어져 있다. 11월, 12월, 1월, 2월, 3월, 4월, 5월, 6월, 7월, 8월, 9월, 10월, 11월, 11월, 11월, 11월…'

가을이 너무나 강력하고 거대해서 마치 11월을 5개월 동안 사는 느낌을 받는 것이다. 이상하게 들릴지도 모르지만, 헨릭이 그의 시에서 표현했던 그 느낌은 덴마크의 높은 행복 수준과 아주 밀접한 관련이 있다. 왜냐하면 바로 휘게가 등장하는 때가 11월, 가을이기 때문이다. 휘게는 덴마크인들의 정신세계에 대해 많은 의미를 내포하고 있는 문화코드이다. 덴마크인들의 아늑함과 웰빙의 상태를 나타내는 휘게는 덴마크의 춥고 어두운 시간을 보내는 데 있어 아주 중요한 역할을 한다.

휘게(hygge)는 '만족하다'라는 의미를 가진 독일의 단어 '휘가(hyggja)'의 덴마크어 버전이라고도 할 수 있는데, 시간이 지나면서 덴마크에서 조금 더 깊고 조금 더 다른 의미로 변화되었다. 휘게와 같은 의미를 지닌 단어는 사실 이 세상 어디에도 없지만, 덴마크어를 쓰는 나라에서 휘게는 어느 곳에나 숨어 있다. 내가 알아차리지 못할 때조차도 나는 하루에도 아주 여러 번 이 단어를 사용한다. 휘게는 보통 친구와 무언가를 같이 하는 것을 의미할 수도 있는데, 이를테면 집에 친구를 초대해서 "우리 휘게하자"라고 말하면 그건 우리가 함께 모여서 아늑하고 즐겁게 조용한 시간을 보내자는 뜻이다. 혹은 어떤 물건이나 장소에 대해 말할 때도 이 단어를 상당히 많이 쓴다. "집이 휘겔리(hyggelig)[1]하다"라고 말하면 집이 대단히 사치스럽거나 화려하다기보다 조용하고 아늑하다는 뜻이다. 옷도 '휘겔리'할 수 있는데 입었을 때 포근함과 편안함을 준다면 역시 그 단어를 사용한다. 소파나 담요, 베개도 때때로 휘겔리하고, 벽난로는 늘 휘겔리한 것의 대명사다. 촛불은 거실에 휘게를 더하고, 집에서 손수 준비한 홈메이드 음식이나 케이크, 코코아는 집안 전체를 휘겔리한 향기로 가득 메우는 것들이다.

휘게는 어떤 라이프스타일을 지칭한다기보다 그저 사랑하는 사람과 함께 시간을 보내는 모든 것을 의미한다. 꼭 건강식이 아니더라도 그저 맛있는 음식을 먹으면서 말이다. 그밖에도 휘게를 가져다 주는 것들로는 따뜻한 털실로 짠 양말, 담요, 보드게임, 따뜻한 커피, 옛날 영화, 아늑한 집안에 있을 때 느끼는 폭풍, 고양이와 강아지, 옛날 가족사진, 따뜻한 티와 쿠키, 책을 읽는 시간, 스토리를 들려주는 시간, 큰 솥에 든 스튜와 수프, 하루의 중간에 있는 달콤한 낮잠 등이 있다.

반면에 휘겔리하지 않은 것도 많이 존재한다. 만약 당신이 휘게의 시간을 보내는 덴마크의 저녁 식사 시간에 정치나 돈에 관한 주제를 꺼낸다면 틀림없이 그 휘게의 시간을 망치고 있는 것이다. 자신의 지위나 경제력을 나타내는 것들, 예를 들면 비싼 차나 시계, 명품백과 같은 것은 휘겔리한 것들이 아니다. 지나치게 자신의 야망을 드러내거나 돈 걱정을 심하게 해도 역시 휘겔리하지 않은 것이다.

휘게의 시간을 원한다면, 자신이 가진 것을 자랑하거나 논쟁을 시작해서는 안 된다. 만약 덴마크에서 누군가가 국무총리에 대해 불평

1 휘게의 형용사 형태로 '휘게스러운'과 같은 의미로 볼 수 있다.

을 늘어놓기 시작하거나 세금을 많이 내며 살아야 하는 현실 — 모두에게 해당하는 — 을 불평하기 시작한다면 틀림없이 누군가 언짢아하며 이렇게 말하는 것을 듣게 될 것이다.

"음… 그 이야기는 그만하지. 그냥 휘게의 시간을 좀 보내자."

이 말은 즉 "우리 그냥 함께 하는 시간을 즐기자. 우리에게 주어진 이 순간을 기뻐하고, 바깥 세상의 문제들은 잠시 잊자"라는 말이기도 하다.

물론 너무 많은 휘게의 시간은 좋지 않다. 당신의 인생을 그저 담요를 둘둘 말고 벽난로 앞에 앉아서 코코아를 홀짝거리며 보낼 수는 없는 일 아닌가. 하지만 이따금씩 휘게의 마음 상태를 갖게 하는 덴마크의 방법은 우리를 다시 차분하게 하고, 다른 사람들과 함께 하는 시간을 소중히 여기게 하며, 지금 바로 이 순간 살아있음에 집중하며 감사하게끔 도와준다. 아마 이렇게 철학적으로 휘게에 대해 설명하는 덴마크 사람은 거의 만나지 못할지도 모르지만, 휘게는 매일의 시간에서 혹은 일주일을 보내고 나서 하는 덴마크 스타일의 묵상 시간과도 같다. 가장 근본적이고, 마치 선사 시대로 거슬러 간 것처럼 오래되고 진실로 중요한 것들, 즉 안전하고 따뜻하게 함께 시간을 보내면서 생존을 위해 먹고 마시는 것에 집중하는 시간인 것이다.

휘게는 북유럽의 의식과도 같은 촛불을 켜는 일에서 시작한다. 가을이 되면 우리는 정말 엄청나게 많은 양의 초를 켠다. 덴마크는 유럽 중에서도 1인당 양초 소비가 가장 많은 나라로도 유명하다. 우리는 작은 양초를 비롯해 나무 상자에 담긴 둥글고 큰 양초, 샹들리에 위에 길고 흰 색의 양초 등 온갖 모양의 양초들을 켠다. 케이크에도 초를 켜고, 식탁을 장식하기 위해서도 켜며, 테라스에도 켜둔다. 가을과 겨울이 오면 덴마크인들은 거의 매일 초를 켜놓는다고 보면 된다.

나와 아내는 이 전통을 한국에도 그대로 들고 왔고, 최근에는 아이들이 직접 양초에 불을 붙일 수 있도록 허락해주었다. 불에 손을 데지 않을 수 있는 긴 라이터가 있어서 다행이었다. 나의 아이들이 양초에 불을 붙일 때 나는 약간 멀리 떨어져서 지켜보며 그들이 책임감을 느낄 수 있도록 한다. 그리고 아이들이 약간 잘못 움직여 손을 데는 일이 발생하더라도 너무 놀라지 않고 침착하게 행동한다. 오히려 아이들이 앞으로 불을 조심할 수 있는 중요한 경험이 될 거라고 생각한다. 그게 매우 전형적인 덴마크인들의 사고방식이라고 보아도 될 것이다.

한편 북유럽에서 가을은 빨간 사과의 계절이기도 하다. 정원을 가지고 있는 대부분의 덴마크 사람들은 사과나무 한 그루는 꼭 키우고 있다. 그리고 그 사과 열매들을 따서 나무 상자 안에 넣고 가을과 겨울 동안 지하실이나 헛간에 꽁꽁 보관해두는데, 그건 마치 가을의 의식과도 같은 것이다. 9월이 시작될 즈음에는 어디에나 사과가 흐드러지게 열린다. 베이커리에는 다양한 종류의 사과파이가 등장하고, 슈퍼마켓에는 신선하게 갓 짜낸 사과주스가 진열된다. 사과 농장들은 누가 가장 맛있는 주스를 만드는지 시합을 하고 '콕스 오렌지(Cox Orange)'나 '그라스텐(Gråsten)'과 같은 색다른 종류의 사과를 내놓기도 한다. 자신의 정원에서 딴 사과를 모아서 주스 가게에 보내면, 신선하게 짠 홈메이드 주스로 만들어서 병에 가득 넣어 다시 집에 보내주는 가게도 있다.

가을이 되면 휘게를 즐기는 빈도가 훨씬 많아지기 때문에 케이크나 달콤한 디저트의 소비도 현저히 늘어난다. 휘게에 달콤한 먹거리가 없으면 휘게가 아니라고 느껴질 정도인데, 특히 북유럽 사람들은 단 것을 매우 좋아한다. 덴마크, 스웨덴, 핀란드는 세계에서 가장 높은 '단 음식(sweets)' 소비 국가들이기도 하다. 평균적으로 덴마크 사람들은 1년 동안 1인당 8kg정도의 단 음식을 소비한다. 놀라운 건 이 수치는 단지 곰돌이 젤리나 캐러멜 혹은 북유럽에서 아주 유명한, 짜면서도 심하게 달달한 '블랙 리코리스(Black liquorice)'만 계산한 양이라는 점이다.

휘게의 시간에서 케이크는 정말 중요한 역할을 하기 때문에 나는 집에서 많은 종류의 케이크를 굽는다. 왜냐하면 아이들이 좋아할 뿐만 아니라 케이크를 준비하면서 말할 수 없는 즐거움을 누릴 수 있기 때문이다. 나는 밖에서 사온 박스에 들어있는 케이크보다는 우리가 직접 만든 케이크를 아이들이 먹기를 바란다. 무엇보다 우리가 직접 만들면 반죽을 섞을 때 얼만큼의 설탕이 들어가는지를 정확히 볼 수 있어서 좋다. 밖에서 사오는 케이크나 디저트의 원료는 눈으로 볼 수가 없으니 무엇을 먹고 있는지 사실 잘 알 수 없다고 봐야 한다. 그리고 집에서 케이크를 구우면 버터나 밀가루의 종류를 고를 수 있어서 인공감미료나 첨가제를 피할 수 있는 것도 장점이다.

우리집 거실에는 아이들용 테이블이 있는데, 가끔 아이들이 앉아서 식사를 하거나 손님들이 많이 와서 식탁에 앉을 자리가 없을 때 사용하곤 한다. 케이크를 구울 때면 나는 이 테이블을 부엌으로 가지고 와서 그 위에 재료들을 모두 올려놓는다. 큰아들 피터는 이제 제법 자라서 혼자서 저울을 사용해 밀가루와 설탕을 계량하는데, 정확한 눈금을 맞추기 위해서 작은 아이의 손으로 밀가루를 넣었다가 다시 덜어냈다가 하는 것은 상당히 시간이 걸리는 일이다. 하지만 그동안 피터는 그 작업에 몰입할 수 있고 손으로 재료를 직접 만지면서 재료의 느낌을 익힐 수 있다. 쌍둥이들은 우유나 물을 반죽에 부어서 재료를 섞는 걸 정말 좋아한다. 그러면 나는 커다란 스푼을 아이들에게 주면서 반죽이 잘 섞일 때까지 저으라고 말한다. 젓고 젓고 또 젓다 보면 테이

블은 늘 사방이 뒤죽박죽되지만 아이들이 이 천연재료들을 만지면서 반죽을 완성해가는 과정을 얼마나 즐기는지를 지켜볼 수 있다. 재료가 많으면 많을수록 더욱 좋다. 허브 향신료와 씨앗, 견과류가 잔뜩 들어간 케이크는 언제나 인기다.

그리고 여느 북유럽 가정에서처럼 나도 언제나 그 계절의 첫 사과케이크를 만드는 기쁨을 누린다. 우리가 반죽을 만들고 베이킹 트레이에 붓고 나면, 나는 항상 아이들에게 작은 칼을 주어서 사과를 깎고 자르게 한다. 칼의 어느 부분이 날카로운지 잘 설명해주고 아이들이 손을 베지 않고 자를 수 있게끔 시범을 보여준다. 아이가 자른 사과의 모양이 일정하지 않고 예쁘지 않아도 상관없다. 아이들은 자신이 해냈다는 자체만으로 뿌듯함을 느끼고, 베이커리에서 사온 것만큼 모양이 예쁘지 않아도 손님들한테 낼 때 "시골풍의 소박한 사과케이크입니다"라는 말을 덧붙이기만 하면 된다. 아이들이 사과 자르기를 다 끝내면 베이킹 트레이를 아이들 앞에 놓아 자신이 자른 사과로 반죽을 장식할 수 있게 한다. 모든 아이들이 다른 성향을 가졌기 때문에 어떤 아이는 꼼꼼하게 한 줄 한 줄 장식을 하는가 하면, 어떤 아이는 반죽 깊숙이 손가락을 찔러 넣다시피 사과를 박기도 하고, 또 어떤 아이는 뒤죽박죽 장식을 하기도 하지만, 누구나 이 차갑고 끈적끈적한 반죽의 촉감과 질감을 즐기는 최고의 활동 시간이다. 누군가 나에게 왜 이런 일을 아이들과 하느냐고 묻는다면, 재료를 몸으로 느끼는 과정은 아주 중요한 경험이며, 재료의 여러 부분에서 느낌을 얻고 요리를 준비하는 것 또한 아이에게는 성장을 위한 본질적인 경험이 된다는 이야기를 해줄 것이다. 그리고 아이들이 2살, 3살, 4살 점점 자라면서 케이크나 빵을 굽는 과정을 처음부터 끝까지 스스로 해내서 하나의 결과물을 만들어내는 경험은 아이들에게 말할 수 없는 즐거움이자 교육적인 활동이 된다. 그래서 나는 최대한 자주 아이들과 요리를 하려고 하고, 적어도 일주일에 한 번은 이런 시간을 만들려고 노력한다. 드디어 케이크가 오븐 속에서 나올 때는 달콤하고 향긋한 사과케이크의 냄새가 온 거실에 진동하고, 그 기다림은 확실히 가치가 있었다는 것을 우리 모두 환호성을 지르며 확신하게 된다.

여기 내가 가을에 자주 만드는, 무엇보다 아이들이 먹기 좋은 케이크를 두 가지 소개하고자 한다.

GRANDMA'S OLD FASHIONED APPLE CAKE

할머니의 사과케이크

이건 아이들이 사과를 자르며 나와 함께 만드는 케이크인데, 사과뿐만 아니라 배 또는 다른 과일을 사용해도 된다. 덴마크에서는 케이크가 너무 달게 만들어지면 휘핑크림이나 사워크림을 같이 곁들여서 그 달달함을 조금 상쇄시킨다.

버터와 설탕을 잘 섞어서 부드럽게 만든 후, 밀가루와 베이킹 파우더, 바닐라 설탕, 우유, 계란 2개를 넣어서 반죽을 만든다. 반죽을 베이킹 트레이에 붓는다. 사과의 껍질을 깎고 씨를 빼서 아이들이 사과를 작게 자를 수 있도록 준다. 아이들에게 사과로 반죽을 장식하게끔 하고, 계피가루와 설탕을 뿌리게 한다. 180도의 오븐에서 30분 정도 굽는다.

차가운 버터 125g
밀가루 125g
설탕 125g
우유 50ml
베이킹 파우더 1작은술
바닐라 설탕 1작은술
계란 2개
사과 2개

SPICE CAKE
스파이스 케이크

단지 몇 개의 향신료만으로도 근사한 냄새가 나는 케이크를 만들 수 있다. 스파이스 케이크는 질감이 꽤 단단하고 향기가 가득 감도는 케이크이다. 아이들은 우유와 함께 마시면 좋고 어른들에게는 따뜻한 티와 함께 먹을 것을 권한다.

바닐라 스틱을 길게 반으로 가른 다음 중앙의 끈적하고 검은 씨앗을 긁어낸다. 바닐라 스틱에서 긁어낸 씨앗과 설탕 그리고 부드러운 버터를 전기 핸드믹서를 사용해 잘 섞는다. 거기에 계란을 넣고 다시 섞다가 밀가루, 소금, 베이킹 파우더, 향신료와 우유를 넣어서 조심스럽게 섞는다. 반죽을 달라붙지 않는 베이킹 트레이에 붓고 175도의 오븐에 약 35분 정도 굽는다.

버터 250g
설탕 250g
계란 3개
밀가루 300g
바닐라 스틱 1개
계피가루 3작은술
혼합 향신료 2작은술
다진 생강(혹은 생강가루) 1작은술
정향가루 1작은술
베이킹 파우더 1작은술
소금 1작은술

11월, 그리고 가을이 특별하게 느껴지는 건 북유럽 사람들뿐만은 아니다. 나도 11월을 무척 사랑하는 사람 중에 하나라서 부인할 수 없이 그 정서에 끌림을 느낀다. 나뭇잎들이 가장 아름다운 색으로 물드는 시점이고, 스산한 바람이 불면서 겨울을 예고하지만 아직 남아 있는 한 가닥의 훈훈한 바람을 여전히 붙잡고 싶은 계절이기도 하다.

이 시기 즈음이 되면 함께 일하던 덴마크 사람들은 하나둘씩 사무실 컴퓨터 옆에 초를 켜기 시작했다. 그 분위기는 크리스마스 때까지 이어지는데, 처음에는 이 건조하고 딱딱한 일터에 대체 이것은 무엇인지 눈이 휘둥그래졌다. 나중에는 나도 저절로 그렇게 되고 말았지만, 덕분에 사무실 안은 뭔지 모를 내면의 평화 같은 것이 흘렀다. 덴마크 동료들의 집에 놀러 가면 들어서는 입구부터 시작해서 콘솔, 화장실, 테이블 곳곳에 이르기까지 다른 모양의 초들이 로맨틱하게 우리를 맞아주었다. 그건 남자 동료의 집이든 여자 동료의 집이든 모두 그랬다. 우리나라에서는 초를 켜는 날은 마치 결혼을 위한 프러포즈를 하는 날이어야만 할 것 같은데, 그들에게 그것은 일상이었다. 세계에서 일인당 초 소비량이 가장 많은 나라라는 것이 이해가 되고도 남는다. 이 포근하고 편안하며 안락한 분위기, 그 속에서 나누는 조용조용한 대화와 미소, 웃음, 이것들은 도대체 무엇일까. '휘게'라는 단어로 표현되는 문화코드를 알기 전 나의 머릿속에 있었던 의문이었다. 멋진 북유럽의 가구들과 예쁜 패턴의 패브릭, 그리고 낮고 은은한 조명까지 갖춘 것도 모자라 곳곳에 타고 있는 양초들 사이에서 우리는 몇 시간이고 좋은 이야기들을 나누었다. 주로 우리나라의 직장에서는 삼겹살에 소주를 기울이며 남을 험담하거나 정치인들에 대한 분노를 터트리며 시간을 보내는 것을 많이 봐왔기 때문에 이런 분위기는 정말 신기했다.

한번은 내가 만났던 한국 박사님 한 분이 덴마크에 교육을 받으러 가서 있었던 이야기를 들려주셨다. 전 세계 각 나라에서 모여든, 전원이 남자들로만 구성된 교육이었는데, 아무런 교육 영상도 없이 모두가 둥그렇게 둘러앉아 촛불을 켜놓고 도란도란 대화를 나누듯 토론을 했다고 한다. 박사님은 한국 남자들의 세계, 그리고 기업의 세계에서는 한 번도 경험해보지 못한 분위기라 정말 낯설고 어찌할 바를 몰랐다고 나에게 털어놓았다.

"아니 남자들끼리 모여 앉아 촛불을 켜고, 술도 없는데 대화를 하는 교육이라니요!"

이렇게 말씀하시는 박사님의 이야기를 들으며 우리는 한참동안 함께 웃은 적이 있다. 그런데 어느덧 나도 이제 그 시간을 사랑하게 된 것이다. 아무리 분노해도, 아무리 험담을 해봐도 세상이 바뀌지 않는다는 것은 이미 오래 전에 깨달은 사실이고, 이 휘게의 시간 속에서 나는 형용하기 어려운 행복을 느끼기 때문이다. 그들에게는 이러한 정서가 깊게 뿌리내리고 있어 일하는 일터에서조차 행복한 느낌을 갖고 일해야 한다는 의식이 있는 것 같았다. 그들은 아무리 바쁜 상황에서도 잠시 쉬어가는 시간을 가지면서 다시 창의성을 회복하고, 긍정적인 관계 맺음을 통해서 힐링을 찾았다. 서두르지도 않지만 게으르지도 않은 이 느낌은 한마디로 설명하기가 어려웠는데, 곧 나는 알게 되었다. 그들에게는 '휘게'라는, 발음도 생소한 문화코드가 존재한다는 사실을 말이다. 나는 『오픈 샌드위치』에서 휘게를 '촛불 아래 치유의 시간'이라고 표현했었다. 마쿠스는 휘게의 어원이 독일의 단어 '휘가(hyggja)'에서 시작되었다고 했는데, 이게 가장 일반적으로 사람들이 알고 있는 것이라고 한다. 어떤 사람들은 노르웨이의 단어 '후가

(hugga)'에서 시작되었다고 말하기도 하는데, 후가(hugga)는 '편안하게 하는, 위로하는'의 뜻을 갖고 있으며 영어의 '포옹(hug)'과도 연관이 있는 단어이다. 휘게의 어원에 대해서는 지금도 여러 학설이 있다.

휘게의 시간에는 모든 사람들이 아름다워 보인다. 휘게의 분위기를 만드는 모든 요소들, 즉 그들을 둘러싼 북유럽의 차분한 인테리어와 은은한 조명, 양초의 불빛 때문만은 아니고 그들의 입에서 나오는 말들이 아름답기 때문에 더욱 그렇다. 마쿠스의 말대로 이 시간에는 물질적인 이야기나 정치 이야기는 하지 않는다. 그래서 얼마나 편안함을 주는지 모른다. 의견이 달라서 충돌할 일도 없고, 누군가 위화감을 느껴야 할 일도 없다. 하지만 그렇다고 그들이 정치나 세상일에 관심이 없다고 생각하면 오해이다. 휘게의 시간에 돈에 대한 이야기나 정치 이야기도 하지 못하면 답답해서 어떻게 하느냐, 혹은 그렇게 해서 어떻게 좋은 사회를 만들어가느냐는 외국인들의 불만도 있는데, 아이러니한 사실은 휘게의 시간에 이런 대화를 하지 않아도 그들의 1인당 국민소득은 세계 최상위에 있고, 전 세계에서 가장 성숙한 민주주의를 운영하고 있다는 점이다. 그리고 1900년대 초 여성 참정권을 가장 처음으로 부여한 것도 북유럽이며, 투표율 또한 세계에서 손에 꼽을 만큼 높은 나라들이다.

Markus

한국 사람들과 마찬가지로 덴마크 사람들도 늘 정치에 대해 많은 이야기를 한다. 때때로 바보 같은 일을 하는 정치인이나 새로운 법이 우리의 삶에 어떤 영향을 끼치게 될지 등에 관한 이야기를 하는데, 우리는 다른 나라들과는 조금 다른 방법으로 할 뿐이다. 기억하겠지만 '휘겔리'한 시간을 보낸다는 것은 갈등과 부딪힘에서 잠시 멀어져 있는 것을 뜻한다. 그래서 서로 휘게의 시간을 보내기로 무언의 동의를 했다면, 정치에 대한 논쟁을 꺼내거나 다른 사람들이 듣기에 너무 과격해 보일만한 목소리나 의견을 내는 것은 예의가 없는 일이다. 만약에 휘게의 시간에 당신이 이런 주제를 꺼내 이야기했는데 당신의 생각에 동의하지 않는 사람들이 생긴다면 아마 무척이나 어색한 침묵이 잠시 흐르다가 누군가는 논쟁의 여지가 적은 화제로 방향을 돌릴 것이다.

어떤 외국인들은 이것을 참기 어려워한다. 그들은 우리가 마치 갈등을 두려워하고 잘 지내지 못하는 거라고 생각하기도 한다. 어쩌면 그들의 생각이 맞을지도 모른다. 다른 유럽의 문화에서는 서로에게 소리를 치기도 하고 그 다음에는 또 크게 웃기도 하는 등의 열띤 토론을 장려하지만, 그건 스칸디나비아의 방식이 아니다. 만약 프랑스나 이탈리아 사람과 덴마크 사람을 한 방에 있게 한다면, 프랑스나 이탈리아 사람은 자신들에게 크게 관심이 있는 사항이 아니더라도 단지 그 열띤 토론과 논쟁을 위해 그러한 방식으로 대화를 시도할 것이고 덴마크 사람들은 끊임없이 분위기를 부드럽게 만들고 화제를 다른 쪽으로 돌리려고 애쓸 것이다. 그래서 그들 사이에 아마도 미묘한 분위기가 흐르게 될지도 모른다. 어색해지는 건 정말 순식간이다. 한국 사람과 덴마크 사람들이 모여 있을 때도 비슷한 경험을 한 적이 있었다.

그렇다고 스칸디나비아 사람들이 정치에 관심이 없다거나 모든 것에서 합의가 잘 일어난다는 뜻은 아니다. 덴마크의 정치, 그리고 미디어에서도 매우 열띤 논쟁들이 있지만 대부분의 경우 언제 정치에 대해 논하고, 또 언제 긴장을 늦추는 휘게의 시간을 가질 것인지에 대한 상호 간의 이해가 존재한다. 덴마크의 의회 건물에 들어가보면 다른 정당의 사람들끼리, 심지어 매우 극단의 정치적 견해를 가진 정치인들끼리도 즐겁게 점심 식사를 하는 모습을 자주 볼 수 있다. 이는 덴마크 민주주의에 있어서 매우 중요한 부분 중 하나인데, 그것은 바로 우리는 정치적 논쟁에 있어 서로 다른 관점과 이상을 수용할 수 있고 우리의 정치인들은 대부분의 모든 상황에서 서로 잘 지내면서 결과 또한 도출해낼 수 있다는 사실이다.

이 모든 것은 '좋은 관계를 맺는 것'에 관한 일이다. 정치적 삶에서뿐 아니라 개인적인 삶에서도 말이다. 스칸디나비아의 사람들은 이런 부분에 있어서 상당히 건설적인 편이어서 언제나 서로의 공통분모를 찾아내고 타협점을 찾으려고 노력한다. 만약 열띤 토론이 벌어지길 기대하는 사람이라면 때때로 휘겔리한 북유럽에서의 저녁 파티는 재미없고 지루할지도 모른다. 그러나 이것은 우리에게 주어진 매일의 일상에서 아주 잘 작동하고 있으며 사회를 돌아가게 하는 바퀴에 부드럽고 좋은 윤활유가 되어준다. 물론 논쟁과 거친 타협을 위한 시간과 장소도 분명히 존재한다. 하지만 그 외의 시간은 최대한 서로 좋은 관계를 맺고 휘게의 시간을 함께 보내기 위해 우리는 정말로 열심히 애쓴다.

Debbie

평화를 추구하고, 관계 맺음에 큰 가치를 두며, 감사하는 삶의 태도를 가진 사람들은 다른 세계에도, 그리고 여기 한국에도 얼마든지 많기에 나에게 있어 국적은 사실 그다지 중요하지 않다. 아름다운 마음과 태도를 가진 다양한 나라의 사람들을 나는 무수히 만났기 때문이다. 거꾸로 북유럽에도 부정적이고 냉소적인 삶의 태도를 가진 사람들은 분명히 존재하고 나는 그런 북유럽 사람들 또한 여럿 만나 보았다. 다만, 북유럽은 전자의 태도를 가진 사람들의 비율이 훨씬 더 높기 때문에 '전반적으로' 행복하다고 일컬을 수 있는 것이다. 어떤 나라들에서는 이런 평화적인 태도를 가진 사람들이 고국으로 돌아가면 소수자가 되어버려서 외면받거나, 핍박받거나 심지어 그 나라를 떠나야 하는 상황에 처하기도 한다. 그러니 휘게의 마음을 가진 사람들이 평범한 시민으로 살 수 있는 나라에 사는 것은 분명 지금 지구상에서는 축복에 가깝다. 나는 끊임없는 내전이 일어나는 시리아에서도 긍정적인 마인드를 전파하며 살아가려고 애쓰는 기업가를 만난 적이 있고, '평화를 향한 외침'이라는 메시지를 계속 전하는 책을 열 권째 쓰고 있는 이스라엘의 작가도 알고 있으며, 분쟁이 끊이지 않는 아프리카 지역에서 고아들을 교육하는 일을 하며 화해의 삶을 전파하는 교육가도 본 적이 있다. 휘게와 같은 이름을 붙이지 않아서 그렇지, 모두 그런 문화와 삶을 추구하는 사람들이다. 단지 북유럽은 그 문화가 사회적 표준처럼 된 반면, 그들의 나라는 아직 평화의 문화가 지배적이지 않은 상태에 있을 뿐이다. 나는 늘 다른 문화에서 배울 만한 것을 발견하면 호기심을 가지고 상대방 친구에게 "더 말해 봐(Tell me more)"를 외치는데, 중요한 것은 우리는 바로 그렇게 성장한다는 점이다.

나는 어릴 때부터 왠지 호전적이거나 공격적인 사람, 소리를 친다거나 감정적인 상황을 별로 좋아하지 않았다. 차분히 대화하면서 상황을 이끌어갈 수 있는데 왜 그래야 하는지 이해하기 어려웠다. 살아가면서 그런 상황을 피해가기가 참 어렵다는 것을 알게 되면서 힘들어하고 좌절했던 기억이 있는데, 덴마크 사람들이나 북유럽 사람들을 만나면서 나는 그러한 상황에서 벗어났다는 느낌을 받기도 했고, 표현하기 어려운 행복감을 느끼기도 했다. 어릴 때부터 평화를 사랑하는 아이들로 자라게 하는 것, 그것이 우리에게 행복을 가져다 준다는 사실을 기억했으면 한다.

매일 내가 아이들에게 이 휘게의 시간을 안겨주려고 노력하는 의식과 같은 일이 한 가지 있다면, 바로 아이들을 따뜻하게 포옹해주는 일이다. 이제는 아이들이 많이 커서 혼자 등하교를 하는데, 매일 아침 아이들은 등교를 할 때면 신발을 신은 다음 문을 열어놓고 엘리베이터를 누른다. 그러면 엘리베이터가 도착할 때까지 기다려야 하는 짧은 시간이 생기는데, 그 시간 동안 우리는 포옹을 나누고 오늘 하루도 안전하게 지내고 즐겁게 공부하면서 친구들과도 잘 지낼 것을 축복해주는 이야기를 나눈다. 하교를 하고 돌아올 때에도 내가 집에 있다면 아이들이 문을 여는 소리가 들릴 때 재빨리 문 앞에 나가 두 팔을 벌리고 포옹을 할 자세를 하면서 기다렸다가 하루를 잘 마치고 돌아온 아이를 힘껏 안아준다. 어쩌면 해외출장이 잦았던 일하는 엄마였기 때문에 그동안 자리를 비었던 시간을 보상해주고 싶은 마음이 나에게 있는지도 모른다. 북유럽을 포함한 서양의 문화에서는 포옹을 하는 문화가 있어서 가족끼리 만나면 꼭 포옹을 나누는데, 우리나라에서는 그런 모습을 보기가 어려워서 늘 아쉬운 마음이 있었다. 포옹을 하지 않다가 갑자기 하려면 정말 어색하기 때문에, 매일 아이들과 포옹을 나누는 것을 자연스러운 문화의 일부로 만드는 것이 나에게는 중요하다. 후생유전학에서 이런 실험을 한 적이 있다. 태어났을 때 어미가 많이 핥아준 쥐와 적게 핥아준 쥐는 자라서 어떤 차이점을 보이는가에 관한 실험이었는데, 이 두 쥐는 성인 쥐가 되었을 때 완전히 다른 양상을 보였다. 스킨십을 많이 해준 쥐는 스트레스를 훨씬 적게 받으며 살아간다는 것이 관찰되었다. 이는 중독이나 공격적인 성격 등을 보이지 않고 자신의 환경을 훨씬 더 잘 조절하며 살아갈 수 있다는 뜻이다. DNA란 운명적으로 정해져 있는 것이 아니라 후천적인 경험, 특히 삶의 이른 시기에 했던 경험이 역동적으로 작용해서 DNA를 새로 만들어간다고 하니 어린 시절 부모와의 스킨십은 미래를 결정한다고 해도 과언이 아니다. 그래서 후생유전학이 주는 희망이 있다면 운명은 결코 유전적으로 결정되어 있지 않고, 어린 시절의 나쁜 기억도 제거하거나 편집하는 노력을 통해서 더 나은 삶을 만들어갈 수 있다는 점이다. 그렇다면 나는 아이의 기억에서 편집 당하는 부모가 될 것인가 아니면 행복한 삶을 디자인할 수 있게끔 하는 DNA에 글씨를 남기는 부모가 될 것인가 하는 것은 온전히 부모인 나 자신에게 달려있다.

덴마크에서는 일상에서뿐만 아니라 비즈니스에서도 휘게의 정서가 흐른다는 것을 보여주는 분석이 있다. 리차드 루이스(Richard D. Lewis)라는 교차문화 커뮤니케이션 전문가는 『When Cultures Collide(문화가 충돌할 때)』라는 책을 통해 각 국가의 비즈니스 커뮤니케이션 패턴을 분석했다. 그는 덴마크 비즈니스 커뮤니케이션에는 '휘게'가 흐르고 한국에는 '빨리' 하려는 성향이 흐른다는 다이어그램을 만들어냈다. 덴마크에서는 서로 이해관계가 다르고 관점과 의견이 다르더라도 잘 지내기 위한 노력, 긴장을 늦추기 위한 노력이 비즈니스에서도 보이지 않게 있다는 설명인데, 오랫동안 그것을 경험한 나는 리차드 루이스의 통찰에 깊게 동의한다.

루이자 톰슨 브릿(Louisa Thomsen Brits)이라는 작가는 휘게를 이렇게도 설명하고 있다.

'휘게는 우리를 둘러싼 것들에 대한 진가와 가치를 알아보고 감사하는, 그 감사함에 관한 것이다. 우리로 하여금 마음을 열고 살아있음을 느끼게 하는 데 집중하고 친밀함을 초대하여 안식과 공동체를 빚어내는 예술이다. 웰빙과 연결감 그리고 따뜻함을 창조해내기 위해서이다. 그 순간에 있음을 그리고 서로에게 속해있음을 느끼는 시간이며 매일의 순간을 축하하는 의식이다.'

그들은 우리가 인생을 딱 한 번만 살 수 있다는 사실을 매일의 일상 속에서 인지하고 그 한정된 시간을 어떻게 긍정적으로 보낼지를 오래 전부터 연구해온 사람들 같다. 휘게는 시간이 한정적이라는 사실을 인식하고, 가장 자기다운 모습으로 편안하게 다른 사람들과 관계를 맺는 것이다. 서로에게 속해있고 연대되어 있다는 안정감과 따뜻함을 느끼며, 계급장을 스스로 먼저 내려놓는 것, 휘게의 시간에는 더욱 그렇다. 『덴마크식 양육법』을 쓴 이벤과 제시카가 설명한 휘게에 대한 이야기를 적어본다면 그 시간은 또한 이런 것이다.

'서로 경쟁하지도, 공박하지도 않고, 으스대거나 스스로 자신이 무엇이라고 내세우지도 않는다. 경쟁이나 과시, 가식으로 계속 살아가는 것은 삶을 정말 피곤하게 만든다는 것을 인식하는 것이다. 경계의 눈빛도 허물고, 우리는 서로 도와야 하는 사람들이라는 것, 누군가에 대해 불평하기보다는 감사하는 것을 이 시간에 되새긴다. 가족, 그리고 친구들과 함께 하는 시간을 출세하려는 노력, 인맥 형성, 경쟁, 물질주의로부터의 피난처로 삼고 시간은 한정적이라는 것을 명심한다. 잘나 보이려, 과시하려, 혹은 불평하거나 부정적인 생각만 하다가 그 한정적인 시간을 허비하지 않는다. 소중한 사람들과 함께 하는 현재를 귀히 여긴다. 그러다 보면 모든 순간이 행복해진다.'

감사를 느낄 때의 심장 박동 상태와 공격을 받을 때의 심장 박동 상태를 비교한 차트를 본다면 이러한 시간이 우리에게 신체적 건강까지도 영향을 준다는 사실을 알 수 있다. 감사와 평화를 느낄 때는 안정적인 심장 박동수를 보이지만 공격을 받거나 좌절을 경험할 때는 심장 박동이 불규칙적으로 변하는 것은 연구결과로 보여주지 않더라도 누구나 경험하는 일이다. 세상에는 비판할 일이 수두룩하지만 비판은 되도록 건설적인 방법으로 하고 내가 그 비판받아야 할 사람보다 그리 많이 나은 사람이 아니라는 사실도 상기하려고 한다. 그건 나의 책

『오픈 샌드위치』에서 '얀테의 법칙(Jante's law)'을 소개하며 설명한 적이 있는데, 모든 사람들은 평등해서 결코 누가 누구를 가르칠 수 없고 항상 겸손해야 한다는 뜻을 담고 있다. 사람은 모두 자신의 허물을 가지고 있지 않은가. 우리의 속담 '남의 눈의 티는 보면서 내 눈의 들보는 보지 못한다'는 말과도 통할 것 같다. 실제로 전 세계 어딜 가나 계층과 서열은 존재하고, 세상은 그리 평등하지 못하다. 북유럽 또한 그 상황을 비껴가진 못하지만 한 가지 다른 점은 최소한 사람을 평등하게 '존중'하고 '공감'한다는 사실이다. 나보다 사회적으로, 개인적으로 조금 낮은 곳에 있는 사람이라고 해서 함부로 대할 수 있다는 생각은 하지 않는 것이다.

내가 존경하는 덴마크의 시니어 한 분은 나에게 이런 이야기를 하셨다. 어떤 사람에 대해 비판하거나 혹은 지적해야 하는 일이 생길 때는 항상 'sweet(달콤한) & bitter(쓰디쓴)'의 순서대로 해야 한다고 말이다. 달콤함 뒤의 쓴맛. 사람의 장점에 대해 먼저 이야기를 한 뒤 아쉬운 부분에 대해서 부드럽게 이야기해야 한다는 뜻이었다. 나는 그것을 'sweet & bitter의 법칙'이라고 스스로 만들어서 머릿속에 콕 넣어두고 늘 실천하려고 한다. 어른들뿐 아니라 아이들에게도 이 방법은 큰 효과가 있었다. 일단 자신이 인정받고 있다는 사실을 충분히 인지시키는 대화를 먼저 한 다음에 조금 아쉬운 부분에 대해서 이야기하면, 아이들은 마음에 안정감을 갖고 엄마의 요청에 훨씬 더 부드럽게 반응한다. 심리적 쿠션이 되어 주는 단계를 건너 뛰고 무조건 내가 하고 싶은 말만 아이에게 주장한다면 결과는 보지 않아도 뻔하다.

가끔은 너무 억울한 일을 당하거나 나를 힘들게 하는 사람이 있어서 누군가에게 이야기를 해야만 마음이 해소되고 치유가 되는 때가 있다. 그건 휘게의 시간에 하기보다 아주 가깝고 신뢰하는 한두 명의 주변 사람에게 조용히 이야기하면 된다. 휘게의 시간 동안 부정적인 이야기를 할 수 없다고 해서 불평이나 힘든 일을 나눌 수 있는 시간이나 장소가 아주 없는 것은 아니니 너무 걱정하지 않아도 된다. 다만 휘게의 시간에는 주로 긍정적인 이야기를 하기로 약속하는 것뿐이다.

다른 사람을 비판하고 비난하는 대화에 시간을 보내는 것이 익숙한 사람은 세상에 얼마나 다양한 소재의 대화가 존재하는지 잘 알지 못해서 그럴 수도 있다. 마쿠스가 가족들과 1년에 한 번씩 '자신에게 의미 있었던 일', '미래에 자신이 이루고 싶은 꿈이나 목표' 등을 이야기하는 것은 아주 좋은 예이다. 나는 매일 아이들과 저녁식사를 할 때 하루 동안 있었던 일 중 행복했던 일이나 감사했던 일에 대해 이야기를 나눈다. 그리고 내일 하고 싶은 일, 이루어야 할 목표를 어떻게 잘 할 수 있을지에 대해서도 이야기한다. 그러면 그 주제에서 파생된 수많은 대화가 오고 간다. 내가 원하지 않고 싫어하는 상황에 대해 계속 반복적으로 이야기하는 습관보다는, 내가 원하는 것, 꿈꾸는 이상적인 상황에 대해 더 많은 시간을 쏟고 말하는 것이 실제로 미래를 그렇게 바꿀 가능성을 높이는 것이다.

한국에서 휘게와 비슷한 정서의 말을 찾자면, '밥상머리 교육'이라는 단어가 떠오른다. 역시 교육에 대한 열정이 높은 나라인 만큼 밥상 앞에서의 교육 또한 중요시하는 것을 존중하지만, 요즘처럼 많은 지식을 넣는 교육으로 머리가 지친 아이들에게는 잠시 쉬는 시간을 주는 건 어떨까. 또 다른 의미로 휘게의 정서와 관통한다고 볼 수 있는 '정(情)'을 나누면서 말이다. '휘게'와 '정'은 다르지만, 공유하는 선이 어딘가에 맞닿아 있는 정서여서, 한국을 경험하는 덴마크인들이 가장 좋아하는 단어 역시 '정'이다. 둘 다 한마디의 영어로 번역하기 어려운 오묘하고도 깊숙한 여러 가지의 의미를 가지는 문화적 단어라는 공통점 또한 가진다. 밥상에서조차 꼭 교육을 시키려고 하기보다는 아이들의 스토리를 들어주고 그것이 더 확장해나갈 수 있도록 시간을 주는 것이 아이들과 함께 할 수 있는 휘게의 시간이라고 생각한다. 나와 친한 덴마크 동료는 가족이 함께 저녁식사를 하지 못하는 순간부터 가족에 문제가 생기기 시작한다고 말한 적이 있는데, 그만큼 함께 음식을 먹고 대화를 나누는 시간을 중요하게 생각한다는 말일 것이다. 물론 평일 저녁 시간 우리집에는 '대디'가 없다. 남편은 거의 매일 늦은 시간까지 회사에서 일을 하기 때문에 우리집에는 스칸디대디는커녕 코리안 대디도 없다. 하지만 우리는 휘게의 시간을 보낼 수 있다. 조명은 간접 조명을 쓰면 더욱 휘게의 분위기가 나는데 인간의 건강과 정서에도 저녁 시간에는 스트레스가 적은 간접 조명이 좋다고 한다. 한국의 직접 조명에서 밤에 잠을 잘 자지 못했던 아이가 유럽에 가서 간접 조명을 받으니 잠을 잘 자더라는 경험을 들려준 분도 있었다. 이제 이 휘게의 시간에 익숙한 우리집 아이들은 매일 이렇게 마음을 털어놓고 이야기를 나누는 시간이 없으면 허전하고 괜히 우울하다고 말한다. 저녁을 같이 못 먹었으면 자기 전 이불 속에서라도 마음을 나누는 대화를 따뜻하게 나눠야 오늘의 할 일을 다 마친 것 같은 느낌이 들고 다시 살아갈 수 있는 힘을 얻는다는 것이다. 휘게의 시간은 누군가 나에게 무언가를 해주어서 감사한 것이 아니라 그저 '존재해주어서' 감사한 것이다. 나는 아이들에게 매일 한 번 이상 이야기하곤 한다. "태어나 주어서 감사하고, 함께 가족이 되어서 너무나 감사하다"고 말이다.

아이들이 이 학원 저 학원을 옮겨 다니느라 잠깐 짬이 나는 10분 동안 편의점에서 저녁을 먹는다는 뉴스가 나온다. 이런 때야말로 아이들과 함께 하는 휘게의 시간은 생각해볼 만한 행복 문화코드가 아닐까. 오늘도 우리집 식탁에서는 수많은 대화와 아이디어들이 오고 갔다. 이번에는 또 어떤 실험을 할까 늘 설렌다는 과학시간 이야기, 문제를 풀어냈을 때의 희열을 생각하면 가슴 뛰게 즐겁다는 수학시간 이야기, 언제나 땀을 흘리며 뛰는 건 재미있다는 체육 시간 이야기 등 듣기만 해도 기분이 좋아지는 대화들을 들으면, 아이들에게는 따로 휘게의 정신을 알려줄 필요가 없다는 생각이 든다. 그 자체로 이미 너무나 긍정적이고 따뜻한 대화들이라서 나는 이 시간이 어떤 어른들과의 대화 시간보다도 흥미롭고 즐겁다. 아이들과 이야기를 하다 보면 공상과학영화 같은 대화가 오고 가기도 한다. '미래의 학교는 어떤 모습일까', '미래의 수업시간은 어떻게 바뀌어 있을까', '미래의 집은 어떨까'와 같은 이야기 말이다. 아이들이 어릴 때 함께 했던 '로빈슨 크루소' 놀이는 어느덧 이렇게 바뀌어가고 있는 듯하다. 인공지능의 시대에 태어난 아이들은 꿈을 꾸면서도 불안한 세대이다. 나의 아이들의 이야기를 들어보면, 모두 하고 싶은 일이 있고, 장래희망을 적어 보지만 혹시 그것이 인공지능이나 로봇이 대체할 수 있는 일은 아닐지 서로 걱정을 해준다고 한다. 내가 초등학교 시절에는 상상도 하지 못했던 대화들이다. 그렇다면 '그 불안함을 떨치고 누구도 대체할 수 없는 자신의 일은 어떻게 새롭게 만들어가고 지켜갈 수 있을까', '나는 어떻게 해야 꼭 필요한 인간이 될 수 있을까', '내가 설계해 보고 싶은 로봇은 무엇인가'와 같은 이야기를 해본다. 이 시간에 하는 모든 대화의 주제는 내가 던지는 것이 아니다. 전적으로 아이들이 주제를 던지고 대화를 이어나가는 방식이다. 아이들의 이야기를 듣는다면 정말 깜짝 놀라고 말 거다. 아이들도 수많은 것을 보면서 영감을 얻고 그것에 상상력을 덧붙여 아이디어를 만들어내며 하루하루를 살고 있다는 사실에 말이다. 아이들은 '불가능'이라는 장애물을 생각하지 않기 때문에 어른들과는 차원이 다른 새롭고 두근두근한 세계를 상상한다. 매일 새로운 대화 주제를 정하기 위해 아이들끼리 브레인스토밍을 하느라 식탁 위는 늘 바쁘다.

긍정심리학에 의하면, 사람은 의식하지 않고 살아가면 본능적으로 '부정편향적'인 성향을 가지게 된다고 한다. 그도 그럴 것이 어떤 예기치 않은 상황이 벌어지면 사람은 걱정에 먼저 휩싸이게 되지 '모든 것이 잘 되려고 하는구나'라고 생각하는 사람은 극히 드물다. 그래서 휘게의 시간은 '의식적으로' 긍정의 시간을 가지려는 북유럽인들의 오래된 지혜가 아닐까. 그렇지 않으면 좋지 않은 날씨부터 시작해서 모든 것이 불평거리가 된다. 마치 이웃 영국 사람들이 '불평하기는 국가적 스포츠'라고 자조하듯이 말이다. 혹시 한국의 현실에서는 이 휘게의 시간이 불가능하다고 분노하지 않기를 바란다. 이건 마음만 먹으면 어떤 상황에서도 가능한 것이다. 내 경험에 비추어보건대 분노만큼 사람을 병들게 하는 것도 없다. '휘게의 삶'과 가장 반대되는 삶이 무엇이냐고 물으면 나는 '분노하는 삶'이라고 답한다. 세상에는 분개할 것도, 분노할 것도 많아 보이지만 그 모든 것을 알면서도 내려놓고 서로 위로하며 긍정성을 회복하는 시간은 우리에게 내적으로 연료를 채우는 시간이 된다. 어느 뇌과학 전문가는 단 한 번만 주어지는 삶에서 우리가 가져야 할 가장 중요한 첫 번째 정서는 '감사'이고, 두 번째 정서는 '긍정성'이라고 말한다. 그래서 잠이 들기 전에는 꼭 나를 힘들게 했던 모든 상황과 사람들을 용서하는 나만의 의식을 가진다.

집에서 하는 놀이

Markus

덴마크에서는 가을이 되면 밖에서 놀이를 하는 것이 조금 까다로워진다. 9월은 '비행사의 수트'라는 별명을 가진 — 이때만 되면 유명해지지만 악명이 높다고도 할 수 있는 — '플뤼버드라트(Flyverdragt)'의 계절이다. 이건 온몸을 감싸는 바디수트인데 공군 비행사의 옷처럼 생겼다고 해서 붙여진 이름이다. 덴마크에 사는 아이라면 누구나 이 옷을 한두 벌쯤은 복도에 걸어두고 산다. 아이들이 부츠를 신고, 모자를 쓰고 이 바디수트를 입기 시작하면 바깥에서 하루 종일 시간을 보내며 덴마크의 가을을 정복할 준비가 되었다는 뜻이다. 그리고 앞서 이야기했듯이, 덴마크의 아이들은 두세 살만 되어도 숲 속 유치원이나 비슷한 철학을 가진 유치원에서 대개 이런 라이프스타일을 갖는다.

한국에서는 이 바디수트를 입는 아이들을 별로 보지 못했는데, 아마도 한국은 덴마크처럼 비가 많이 오거나 날씨가 갑자기 변하는 일이 드물어 그다지 필요가 없기 때문에 그럴 것이다. 고백하건대 아이들이 이 바디수트를 입으면 그리 멋스러워 보이지가 않아서, 아이들에게 이걸 입자고 어르고 달래는 일은 상당히 어려운 일이다. 아이들은 이 바디수트를 입으면 약간 펭귄처럼 걷게 된다. 하지만 눈이 오나 비가 오나, 춥거나 축축하거나, 어떤 일이 있어도 야외 활동을 하는 데 이것만한 것이 없다.

덴마크의 유치원들이 아무리 가을에도 아이들을 군인처럼 밖에서 시간을 보내게 한다 할지라도, 역시 가을은 아이들이 집 안에서 시간을 더 많이 보내게 되는 계절이다. 모든 부모들이 공감하겠지만 아이들과 계속 집에서 시간을 보내야 하는 건 정말 큰 과제와도 같다. 엄청난 에너지를 대체 어디에 발산해야 할지를 모른 채 보채는 아이와 집안에 틀어박혀 있으면 시간은 정말이지 너무나도 천천히 간다. 많은 나의 친구들은 이런 아이들을 달래려고 노력하지만 아이들은 점점 더 시끄러워지고, 결국은 또 다시 소리를 쳐서 잠잠하게 만들어야 하는 상황을 맞닥뜨릴 때면 정말 깊은 좌절감을 맛본다고 말했었다. 나 또한 세 아이를 둔 아빠이니 그 이야기가 어떤 것인지 정확히 안다. 에너지가 넘치는 아이들을 조용하게 만드는 일은 아무리 노력해도 헛수고라는 사실 또한 잘 알고 있다. 이럴 때는 일단 잠시 아이를 밖에 데리고 나가는 것이 최선의 방법이다. 밖에 나가면 언제나 탐험할 만한 것들이 있어서 아이들의 주의력을 환기시킬 수가 있다. 하지만 너무 심하게 춥거나 비가 많이 와서 밖에 나가기가 어렵다면, 집 안에서 할 수 있는 놀이로 아이들 안에 있는 열정 에너지를 좀 식힐 수 있도록 도와주어야 한다. 나의 경험에 의하면, 꼭 육체적으로 힘든 활동을 할 필요는 없고 그냥 10분이나 20분 정도 몸을 사용해서 움직일 수 있는 놀이를 하면 된다. 그렇게 하면 아이들의 집중을 분산시킬 수가 있고, 몸을 사용해서 어떤 놀이라도 하고 나면 아이들을 잠시 잠잠하게 만들 수가 있다. 그리고 나면 아이들은 좀 더 아빠의 말에 귀를 잘 기울이고, 정적인 활동에도 적응할 수 있는 상태가 된다. 여기 집에서 할 수 있는 활동들을 몇 가지 소개한다.

장애물 코스 만들기

생각보다 훨씬 쉽고 간단한 놀이인데, 집에 있는 갖가지 물체로 장애물을 만들어 그 장애물들을 밟으며 코스를 지나가는 놀이이다. 아이들이 장애물을 만들 때 자신의 상상력을 동원할 수 있고 장애물 코스를 넘어가면서는 몸을 쓸 수 있으니, 상상력과 몸, 이 두 가지를 모두 사용할 수 있는 놀이이다. 일단 아이들에게 주변에 있는 의자나 박스, 베개 등 무엇이든지 밟고 걸어 다닐 수 있는 물체를 가지고 오라고 한다. 그런 다음 아이들에게 그 물체들로 장애물 코스를 자신들의 방법으로 만들게 한다. 아이들이 만든 장애물 코스는 위험하지 않게 내가 거리 등을 조절하기도 한다. 이 장애물 코스 놀이에 게임을 추가하면 더 재미있어진다. 우리는 때로 마룻바닥이 화산의 용암이라고 상상하면서 마룻바닥을 밟지 않게 장애물 위에 올라서야 겨우 안전하다는 듯 안도의 한숨을 내쉬기도 한다. 마룻바닥 위에 있는 것은 용암에 빠진 것이 되는데, 마룻바닥에서 나는 아이들에게 구해달라고 소리를 치며 놀이를 한다. 혹은 마룻바닥이 물고기가 가득한 바다가 되기도 해서 물고기를 잡아다가 장애물 위에 쌓아놓고 요리를 할 준비를 하기도 한다.

상상 게임

나의 경험에 의하면, 아이들은 자신들이 규칙을 만드는 것에 직접 참여하고 놀이의 주인의식을 가지게 될 때'훨씬 더 즐겁게 잘 논다. 아이들과 어떤 놀이를 하든지, 아이들이 게임의 방향을 다르게 하길 원하거나 새로운 규칙을 만들어내고 싶어 하면 나는 항상 그렇게 하도록 둔다. 스스로 발명한 게임을 하는 것이 언제나 더 재미있기 때문이다. 나의 세 아이 중 한 명이 어떤 규칙을 만들어서 다른 두 아이에게 설명을 하는데 잘 이해하지 못하는 일이 생기면 — 나이 차이 때문에 빈번하게 일어난다 — 나는 원래의 규칙대로 5분간 게임을 하고 새로운 규칙으로 또 5분간 게임을 하는 방식을 일러준다. 학교에 들어가기 전의 아이들에게는 자기 자신만의 게임을 창조해낼 수 있게 최소한의 영감만을 제공하는 것이 아빠의 의무라고 생각한다. 그들의 상상력과 창조력에 단지 불꽃을 일으켜 주기만 하면 된다. 나는 아이들에게 풍선을 주면서 이렇게 말하곤 한다. "저거 봐, 폭탄이야! 폭탄이 바닥에 떨어지지 않게 사수해!"라든가, 바닥을 가리키면서 "아… 어쩌면 좋아. 용암이 흘러내리고 있어. 저걸 건너려면 빨리 다리를 만들어야 해!"라고 말이다. 혹은

"쉿…. 조용… 저 소리 들리니? 지금 곰이 오고 있는 게 틀림없어. 빨리 덫을 만들자. 저 곰을 잡을 수 있게!"라고 말하며 상황을 만들어준다. 이게 전부다. 거기서부터 아이들의 상상력은 시작된다.

그래서 나는 두세 살의 아이들이 벌써부터 갇힌 규율 속에서 활동을 시작하는 것을 보면 조금 슬퍼진다. 물론 오해는 하지 않길 바란다. 아이들이 선생님의 엄격한 지시에 따라 발레를 하거나 정확한 악보를 보며 바이올린을 켜는 활동 등은 정말 훌륭한 일이라고 생각한다. 다만 아이들이 학교에 들어가기 전에는 좀 더 즐겁고 재미있으며 제약이 없는 상상 속의 놀이를 더 많이 할 권리가 있다고 생각하는 것뿐이다. 어떤 사람들은 이렇게 이야기할 것이다. "하지만 나의 세 살짜리 아이는 바이올린 켜는 걸 너무나 좋아하는 걸요!"라고 말이다. 그건 정말 사실일 수 있다. 다만 아이가 진짜로 바이올린을 켜는 것을 즐긴다기보다 그걸 보면서 부모님이 흐뭇해하는 모습이나 형제들의 주목을 끄는 것을 더 즐기는 건 아닌가 하는 생각이 들 때가 있다. 그래서 부모들이 아이에게 좀 더 즉흥적으로 규칙을 만들어내거나 바꿀 수 있는 여지가 있는 활동을 할 수 있게 한다면, 아이는 더 즐거워하고 더 성장할 수 있는 기회를 가질지도 모른다. 만약 부모 중 한 명이 그런 활동을 할 때 함께 있어 준다면 아이는 더 행복해 할 것이다. 그리고 결과를 예측할 수 있는 활동이 아닌, 무엇을 하고 있는지 명확하지 않은 이 활동을 통해 아이는 더 많은 것을 배우게 될 것이다. 만약 아이의 발레나 바이올린 선생님이 정직하다면 세 살이라는 나이는 뭔가 기술을 배우기에는 아직 너무 어린 나이라고 솔직히 이야기해줄지도 모른다. 그때는 몸을 더 많이 움직이고 역할극이나 상상력을 사용하는 일을 더 많이 하는 때이다. 악기를 연주하는 것과 같은 손의 매우 섬세한 움직임을 원하는 일은 그 범주에 들어가지 않는다.

나는 아이들이 좀 더 조용한 활동을 할 수 있는 준비가 되면, 손을 움직일 수 있는 활동을 찾는다. 그림 그리기, 가위로 자르기, 붙이기 등은 언제나 즐겁다. 나의 아이들은 한 번에 2분 정도 집중할 수가 있는데 어떠한 지시나 영감이 없을 때 그렇다. 나는 가끔 아이들에게 이 세상에서 가장 무서운 괴물을 그려보라고 말하고 자기가 그린 것에 대한 이야기를 들려 달라고 한다. 아이의 이야기를 듣고 나는 그것에 대한 무수한 질문을 쏟아낸다. '왜 이 괴물은 눈과 다리가 이렇게나 많고, 머리 색이 화려한지', '이 괴물은 어디에서 왔는지, 원래 고향에 있을 때는 어떤 모습이었는지'와 같은 질문 말이다. 그러면 아이들은 저마다 상상 속의 세계가 있어서 자신만의 엉뚱한 논리로 대답을 하고 괴물이 살고 있었던 고향에 대해 섬세하고 기발하게 묘사를 하기 시작한다. 아이들은 자신의 생각을 신나게 이야기할 때, 눈동자가 뭔가 깊은 곳에 빠져드는 것처럼 변한다. 그리고 나는 아이들이 그 상상의 세계에서 논리와 전혀 상관없이 일어나는 일들에 대해 신나게 떠드는 모습을 보는 것을 너무나 사랑한다.

풍선 배구

나는 항상 집에 풍선을 넉넉히 준비해두는 편이다. 풍선 하나만 있으면 밖에 나가기 어려운 날, 아이들이 점점 참을성을 잃고 산만해지고 있을 때라도 하루를 무사히 보낼 수 있다. 가장 간단한 놀이는 아이들과 순서대로 풍선이 땅에 닿지 않게 손으로 쳐서 계속 공중에 떠있게 하는 것이다. 물론 이때도 풍선이 계란이라고 상상한다든가, 땅에 떨어지면 폭발하는 폭탄이라고 상상하는 식으로 아이들의 상상력을 유도해야 한다. 그리고 나는 아이들에게 나무로 된 부엌용 스푼이나 젓가락 등 새롭고 다양한 도구들을 주어서 아이들이 도구를 이용해서도 놀이를 하게끔 한다. 그러면 간단한 놀이에 다양성을 더할 수 있고, 아이는 도구를 통해 자신의 기술을 연마할 수 있게 된다.

곰덫 만들기

나는 종종 이 게임을 아이들에게 가르쳐준 걸 후회한다. 왜냐하면 기본적으로 나는 항상 곰이 되고 아이들이 만든 덫에 갇힌 신세가 되기 때문이다. 나의 아이들은 주변에 보이는 모든 작은 가구들과 담요, 부엌의 소소한 도구들을 모조리 활용해서 덫을 만든다. 이렇게 조금의 영감만을 받고도 아이들이 만들어내는 덫들을 보면 정말 경이로울 지경이다. 그들의 상상력은 곧바로 새로운 덫의 문을 만들고, 누르면 덫의 한 부분이 움직이는 버튼을 만들어내며 온갖 신기한 장치들을 덧붙이게 된다. 나의 세 아이는 종종 할 일이 없거나 심심해지면 서로 싸우는 일이 생긴다. 하지만 곰의 덫을 만드는 놀이를 시작하면 아이들은 함께 협동하고 새로운 기능을 추가하기 위해 서로 고민과 논의를 하게 된다. 만약 한 명의 자녀만 있는 집이라면 덫을 만드는 일을 엄마나 아빠와 상의를

하는 방식으로 도움을 조금 줄 필요가 있다. "여기에 곰을 가두기 위해서 곰 우리를 만들어 보는 건 어떨까?"라든지, "우리 곰을 유인하기 위해서 여기에 음식을 좀 두는 건 어떨까? 곰이 어떤 음식을 좋아할 것 같아?"라고 물을 수도 있다.

아이들에게 이 게임의 클라이맥스는 덫이 제대로 작동하고 드디어 곰을 진짜 잡게 되는 순간이다. 아이들이 오랜 시간 심사숙고 끝에 만든 덫이라면 아빠인 당신은 킁킁 냄새를 맡고 으르렁거리면서 덫 주변을 돌고 담요와 가구가 뒤죽박죽 혼합이 되어 있는 덫에 걸려드는 시간을 최대한 늘려야 하는 것이 팁이다.

나만의 왕실 문장 그리기

솔직히 말하면 이 놀이를 할 때면 내가 너무나 집중하고 즐기는 나머지 아이들이 무엇을 하는지 신경을 못 쓸 때가 있을 정도다. 이 놀이는 덴마크에 있을 때 회사에서 조직의 팀워크를 높이기 위해 했던 활동인데, 아이들에게도 적용해봤더니 아주 성공적이었다. 가족들 모두 각

각 커다란 종이를 하나씩 가진다. 큰 종이가 없다면 적당한 크기의 종이로 해도 되지만, 종이가 클수록 더 재미있다. 우선 종이 위에 큰 삼각형을 그려넣는다. 마치 중세 시대의 기사의 방패를 떠올리면서 그리면 된다. 그런 다음 삼각형 위에 그 순간 자신에게 중요한 이미지나 단어들을 생각하면서 왕실 문장처럼 디자인을 한다. 나는 작가이면서 셰프이기 때문에 아무래도 프라이팬이나 요리사의 나이프 같은 것을 먼저 떠올리며 그린다. 그 다음에는 나의 이름 Markus에서 M을 따서 M이라는 커다란 알파벳을 그려넣을 수도 있다. 다음에는 나는 매운 음식을 좋아하니까 고추를 그려넣을 수도 있고, 자전거를 사랑하니까 바퀴를 그릴 수도 있다. 이렇게 시범을 보여주면 아이들도 이제 자신의 종이 위에 무언가를 그리기 시작할 것이다. 만약 아이들이 무엇을 그려야 할지 모르면 질문을 통해서 아이가 생각을 할 수 있게 도와준다.

"지금 먹고 싶은 건 뭐야? 아이스크림이라고? 그럼 아이스크림을 그리면 돼."

가끔은 내가 아이들의 왕실 문장을 함께 그리는 것으로 마무리되기도 하는데, 아이들이 그리고 싶어하는 아주 정확한 것이 있지만 아직은 스스로 그릴 수는 없는 나이여서 아빠의 도움이 필요하기 때문이다. 이를테면 범고래나 디즈니에 나오는 캐릭터와 같은 까다로운 모양들이다. 왕실 문장이 완성되면 아이들은 너무나 뿌듯하고 자랑스러운 나머지 기쁨을 감추지 못하고 자기 방 앞이나 복도에 전시를 해달라고도 한다.

이 활동이 주는 또 하나의 장점은, 종이 위에 날짜를 적어놓고 어딘가에 계속 모아가면 그 당시 아이들이 어떤 단어나 물체에 관심을 두고 있었는지를 알게 된다는 점이다. 나는 아이들이 자신이 중요하게 여겼던 그 단어와 물체를 때때로 꺼내서 탐구하고 성찰해보기를 바란다. 부모 입장에서는 아이들 안에 어떤 관심과 흥미가 있고 그것이 어떻게 발전되어 가는지를 알 수 있게 된다.

아이들이 자신을 제대로 표현할 수 있는 나이가 되면 모두 함께 모여 '한 해에 있었던 일 중에 자신에게 의미 있었던 일은 어떤 것인지', 그리고 '다가올 새해에는 어떤 것을 소망하고 이루어내고 싶은지'를 돌아가면서 발표하는 시간을 전통처럼 가지려고 한다. 이런 활동을 통해서 아이들은 부모가 자신들의 생각과 아이디어, 목표에 끊임없이 관심을 갖고 있다는 것을 자연스럽게 인식하게 된다.

가면 만들기

정말 쉽고 간단한 놀이다. 필요한 건 오직 크레용 몇 개와 종이 접시 몇 개뿐이다. 그리고 나중에 완성된 가면을 쓰기 위한 고무줄이나 줄이 있으면 더 좋다. 만약 고무줄이 없으면 그냥 손으로 들고 얼굴에 쓰는 것도 괜찮다. 가위로 구멍을 뚫고 크레용으로 색칠을 해서 가면을 만드는데, 가면에 스토리가 있으면 더 재미가 있다. 악마 같은 가면이나 영웅 혹은 악당, 아니면 닌자나 공주님 등 주인공을 만들고 거기에 스토리를 입히는 것이다. 가면을 완성하면 얼굴에 쓰고 역할극이나 결투를 하기도 하고 우스꽝스러운 목소리로 서로 대화를 하기도 한다.

레고 조립하기

이건 내가 꼭 덴마크 사람이어서 하는 이야기는 아니다. 물론 레고(LEGO)는 덴마크 회사이지만, 그것을 떠나서 이 작은 플라스틱 블록 조각들을 조립하는 것은 내가 아는 한 우리 아이들이 집 안에서 하는 놀이들 중 가장 좋아하는 놀이다. 레고는 덴마크어로 '논다'는 뜻의 'leg'와 '잘 한다'는 뜻의 'godt'가 합쳐져서 만들어진 이름인데, 즉 '잘 논다'라

는 의미이다. 내가 요리를 하거나 청소를 하느라 바쁠 때, 왠지 아이들이 말썽을 부리지 않고 조용히 잘 있는다는 느낌이 들면 아이들은 늘 레고를 만들고 있었다.

이 레고를 가지고 최대의 효과를 끌어내기 위해서는 약간의 계획이 필요하다. 나의 첫째 아들에게 새로운 레고의 등장은 마치 마약과도 같다. 집 안에 아직 뜯지 않은 새로운 레고 박스가 있으면 아이는 도무지 스스로를 컨트롤하지 못하고 안절부절이다. 내가 아이에게 이 레고 박스는 특별한 날을 위해서 아직 뜯지 말고 보관해두어야 한다고 말하면, 물론 아이는 다른 것을 갖고 놀려고 애를 쓰지만 너무나 실망한 얼굴을 감추지 못한다. "아빠, 지금 제 머릿속에 꽉 차있는 건 오직 저 새로운 레고라고요"라고 말하며 말이다.

늘 새로운 레고 세트를 조립하는 건 소수의 사람들이 누릴 수 있는 조금 비싼 놀이이다. 새로운 레고를 여는 것은 언제나 환상적인 일이며 나의 5살짜리 아들을 며칠 동안은 바쁘게 만들 수 있는 최고의 놀잇감이다. 때때로 나는 아이가 블록을 잘 끼울 수 있도록 도와주기도 하지만, 대부분은 아이 스스로 테이블에 차분히 앉아 설명서를 읽고, 손가락

을 꼬무락거리며, 동요를 흥얼대면서 자신의 공간지각능력을 발휘하도록 둔다. 나는 아이들이 레고 블럭을 쌓는 모습을 보는 게 정말 즐겁다. 이 나이 또래에서는 어떠한 논리나 수학으로 배울 수 없는 것을 레고를 통해 배울 수 있다고 생각한다. 그리고 가장 중요한 것은 그들이 배우는 과정에서도 재미를 느낄 수 있다는 점이다. 하지만 레고를 완성하기가 무섭게 아이들은 지친 모습 또한 보이는데, 이건 아주 자연스러운 일이다. 레고는 피규어를 가지고 역할 놀이만 하는 것이 아니라 정말 건축을 하는 과정이어서 많은 에너지를 소진하기 때문이다.

나는 레고 세트를 각각 원래의 박스 안에 다시 넣어서 잘 보관해두지만, 아이들이 그 박스를 다시 찾는 데까지는 보통 한 달 정도 걸린다. 그래서 나는 보통의 덴마크 가정들이 하는 것과 똑같은 방법을 사용한다. 바로 모든 세트의 레고를 하나의 큰 박스에 담아서 합쳐버리는 것이다. 그러면 각각의 모델을 조립하기 위해 필요한 조각들을 찾는 것은 정말 어렵게 되지만 새로운 것을 얻게 된다. 바로 '레고 창의성 박스'이다. 각각의 세트에 있는 레고를 합치면, 이제 레고 조립은 상상력과 창의성을 발휘해야 하는 놀이로 변신한다. 나의 아이들은 우주선, 경찰차, 도둑들을 위한 감옥, 우리 가족을 위한 여름 별장과 상어를 잡을 수 있는 보트, 왕과 여왕이 기거할 수 있는 성 등 수많은 것들을 창조해낸다. 많은 사람들이 레고를 설명서대로 조립하는 것은 단지 레고의 첫 번째 인생이라는 것을 잘 모르는 것 같다. 레고의 두 번째 인생은

아마도 세대에 걸쳐 훨씬 더 오래가고, 아이의 다양한 능력을 계발해줄 수 있다.

이 뒤섞인 레고 박스를 꺼내서 아이들에게 조립하게 한 후 처음 몇 분 동안은 나도 마루에 앉아서 아이들이 노는 모습을 지켜본다. 하지만 계속 아이들과 함께 앉아서 레고 놀이를 할 수 있는 것은 아니다. 급히 컴퓨터를 꺼내 처리해야 하는 일이 생기거나, 수많은 이메일에 답변해야 하는 일들이 생기기 때문이다. 다행히 내가 일을 하고 있을 때도 아이들은 레고에 집중해서 시간을 보내기 때문에 아이들이 레고를 하는 시간은 나의 일과 육아를 양립할 수 있는 최고의 시간이다.

만약 아이들이 이미 다 만들어서 지루하게 생각하는 8~10개 정도의 레고 박스를 혼합해서 거대한 박스를 만들었다면, '베이직 박스'라고 불리는 것을 추가해주는 것도 좋다. 이건 아주 간단하고 기본적이면서도 다양한 색상의 레고가 들어있는 브릭 박스인데 제값을 하는 편이다. 이 브릭들은 벽이나 바닥처럼 아이들이 원하는 건축물을 만들 때 아주 요긴하게 쓰인다. 자, 이제 레고에게 두 번째 인생을 부여할 준비가 되었다. 다시 말하지만 이때도 아이들의 상상력에 약간의 불꽃을 일으켜 주어야 한다. 레고 박스를 열면서 아이들에게 이렇게 말하는 거다.

"이제 여기서 모든 피규어들을 찾아서 두 개의 팀으로 나누어보자. 나쁜 팀과 착한 팀으로 말이야."

아이들이 피규어들을 찾기 위해서 레고 박스를 뒤지는 일을 마치고 나면, 피규어들을 위한 도구나 무기들을 찾는 것을 또한 도와준다.

"모든 피규어들은 뭔가 기술을 갖고 있어야 해. 그러니까 최소한 한 개 이상의 연장이나 무기를 가지고 있어야 한다고."

아이들이 피규어를 찾고 그 안에 캐릭터를 입히고 스토리를 만들어가는 것은 정말 즐거운 일이고 아이들을 한참 동안 바쁘게 만들 수 있다. 나쁜 팀과 착한 팀의 스토리가 잘 조화를 이루며 만들어지고 여전히 아이들의 열정이 살아있다면, 아이들에게 각각의 피규어가 탈 수 있는 교통수단을 만들어 볼 것을 권해도 좋다. 나의 아이들은 보통 아주 간단한 탈것을 만드는데 날아다니는 보드나 몇 개의 납작한 브릭으로 만든 비행기와 같은 것들이다. 아이들이 만드는 것이 별로 볼품이 없고 간단해도 상관없다. 아이가 뭔가를 결합해서 만들어내는 기쁨을 느낀다면 말이다. 나의 세 살짜리 쌍둥이는 블록이 큰 유아용 레고를 더 좋아하지만 작은 레고 피규어의 손에 삽이나 도끼 같은 연장을 들려주기 위해서 몇 분 동안 집중해서 애를 쓰기도 한다. 확신하건대, 이런 활동은 아이들의 움직이는 기술과 눈과 손의 협응 능력을 길러주는 데에 가장 좋은 방법일 것이다.

북유럽의 성대한 생일 파티

Markus

우리 가족에게 10월은 '생일의 달'이다. 그건 나의 생일이 10월 12일이라서만은 아니다. 나의 쌍둥이들이 나보다 3일 먼저 생일을 맞이하는데, 아이들을 위한 생일 파티 준비는 늘 시간이 좀 걸리는 일이기 때문이다. 덴마크의 생일 파티는 한국과 조금 다른 면이 있다. 날씨가 따뜻하면 언제나 야외 놀이를 함께 하는데, 정원이나 근처 공원에서 흩어진 보물을 찾는 '보물 찾기' 놀이를 하기도 하고, 부모나 가족 중 한 사람이 해적이나 용으로 분장을 하고 나타나기도 한다. 보물은 대개 모든 아이들을 위한 선물로 준비한다. 집에서 생일 파티를 하는 것은 늘 계획이 필요하고 다소 정신이 없지만, 이건 아이들에게 매우 특별하고도 기억에 남는 경험이 된다. 나의 경험에 비추어 보면, 아수라장이 되는 파티가 되지 않기 위해서는 잘 계획된 시리즈의 활동을 해나가는 것이 가장 중요하다.

선물을 준비하는 것은 꽤나 까다로운 일이다. 우리는 항상 아이들의 진짜 생일날 아침에 선물을 주는 편인데, 그때도 약간의 재미를 가미

하려고 노력한다. 일단 가장 큰 선물, 이를테면 레고 박스나 큰 인형 같은 선물을 아이들이 깰 때를 대비해서 테이블 옆에 준비해놓는다. 아이들이 일어나면 우리는 덴마크 국기로 장식한 갓 구운 빵과 엄청나게 많이 켜놓은 촛불 속에서 이 커다란 선물을 열어 본다. 그런 다음에는 아이는 우리가 미리 거실에 숨겨놓은 다른 선물들을 찾기 위해 돌아다닌다. 선물 찾기는 그리 어렵지 않다. 여기서 중요한 점은 선물들이 어떤 각도에서든지 살짝 보여야 한다는 사실이다. 담요로 완전히 가려놓거나 옷장 속에 넣어 완전히 보이지 않게 하면 안 된다. 가족들이 아침 식사를 하는 동안 아이는 선물들을 찾으러 집안 구석구석을 돌아다니는데, 그 시간은 아이들에게 정말 신나는 시간이 된다. 아이들이 새로운 선물을 찾으면 테이블로 와서 그걸 열어본다. 나는 아이들이 이 놀이를 통해서 뭔가 선물이나 상을 받을 때는 노력과 수고가 뒤따른다는 사실을 알게 되는 것이 즐겁다. 우리는 아이들에게 항상 두 개의 선물만을 준다. 큰 것과 작은 것. 그리고 다른 선물들은 할아버지와 할머니, 이모나 고모, 삼촌들한테서 받는다.

생일 파티 때 아이들에게 주는 선물은 이보다 좀 더 까다롭다. 왜냐하면 어떤 아이들은 선물 때문에 질투를 하기도 하고, 생일을 맞은 아이들은 선물을 받자마자 열어보고 싶어하지만 부모들은 일단 잘 두었다가 누가 그 선물을 주었는지를 찬찬히 살피며 감사한 마음을 가지고 뜯어볼 수 있기를 바라기 때문에 갈등이 생기기도 한다. 선물 주는 시간을 잘 보내는 한 가지 방법은, 파티에 온 아이들이 모두 집에 들어오면 바닥에 동그랗게 앉아서 게임을 시작하는 것이다. 가운데에 병 하나를 눕혀놓고 '병 회전하기' 게임을 하는 것인데, 병이 회전을 하다가 멈춰서 가리키는 아이가 생일을 맞은 아이에게 — 우리집의 경우는 쌍둥이니까 두 명 모두에게 — 선물을 주는 놀이이다. 이렇게 하면 선물을 주고받는 시간을 훨씬 더 재미있게 만들 수 있다. 아이들은 병을 돌리면서 병이 자신을 가리키는 시간을 기다리게 되고, 아이들은 한 명 한 명 축하와 감사의 인사를 서로 주고받으며 천천히 선물을 받을 수 있게 된다. 그리고 이 게임을 하면서 파티를 시작하면 30~40분 정도는 꽤 질서 있는 활동으로 시간을 보낼 수 있다.

Debbie

아이의 생일날이 되면 나 또한 항상 아이의 친구들을 집으로 초대해서 생일 파티를 열었다. 회사 일에, 출장에, 집안일로 힘든데 어떻게 그렇게 할 수 있느냐고 묻는 사람들도 있었는데, 매일 하는 것도 아니고 일년에 딱 두 번인 데다가 잘 알겠지만 사랑으로 하는 일은 힘이 들지 않는다. 'hardworking(열심히 일하기)'이 아니라 'heartworking(마음으로 일하기)'이기 때문이다. 모든 엄마와 아빠는 자녀들에 대한 엄청난 사랑을 갖고 있으니 모두가 할 수 있는 일이라 믿는다. 나에게 부엌은 어른들을 위한 작은 놀이터이자 사무실이기도 하다. (아마 마쿠스에게도 그럴 것이다.) 음식을 익히는 동안 글을 쓰거나 일을 하는 멀티태스킹이 가능한 장소여서 시간을 대단히 많이 뺏기지도 않는다. 이 아담한 집에 아이의 친구들과 엄마들까지 30~40명쯤이 빼곡히 들어온 날도 있었다. 보통 한국에서 하듯이 레스토랑이나 패스트푸드점 같은 곳에서 생일 파티를 하지 않고 집에서 이 많은 사람들과 힘들게 파티를 하는 나를 보고 의아해 하는 사람들도 있었지만 아이들에게는 얼마나 큰 추억인지 모른다. 그 기뻐하는 얼굴들을 담아놓은 사진은 지금 꺼내 보아도 언제나 나를 미소 짓게 한다. 으레 집에서 하는 파티에 가면 피자나 치킨 같은 배달 음식을 떠올렸던 아이들도 진짜로 집에서 만든 빵이나 케이크, 요리들을 보면서 소리 없이 감동하기도 한다.

북유럽은 외식이 비싼 나라다. 음식점에 친구들을 초대해서 파티를 하는 일은 정말로 사치스러운, 부잣집이나 할 수 있는 일이라서 평범한 가정의 나는 집에서 파티를 하는 것이 너무나 자연스럽고 당연한 일이었다. 요리는 고부가가치 산업이어서 적은 돈을 들이고도 풍성한 파티가 가능하다. 밀가루 한 봉지를 가지면 수십 명이 먹을 빵을 구울 수 있고, 계란 한 판이면 또 많은 사람들이 나누어 먹을 수 있는 오믈렛이나 끼슈 같은 것을 만들 수 있다. 늘 다양한 요리를 해야 하는 것도 아니라서 잘 만들 수 있는 몇 가지 요리만 있으면 그리 어렵지 않다. 마쿠스가 알려주는 빵과 케이크들은 정말 만들기 쉬운 것들이니 한두 번만 연습해서 만들어도 엄마와 아빠의 인기가 올라갈지 모른다.

나는 해외 출장을 다닐 때마다 요리책을 기념품으로 사와서 모으는 취미가 있기도 하고, 전 세계의 친구들을 사귈 때마다 그 나라의 전통 음식을 직접 배워서 적어둔 레시피가 쌓여있기도 하다. 나는 생일 파티 시기가 되면 아이들과 함께 앉아서 파티의 메뉴를 짠다. 이미 아이들 머릿속에는 원하는 요리들이 있는데 거기에는 온갖 나라의 음식들이 다 들어간다. 그리스, 터키, 브라질, 인도, 프랑스, 태국, 덴마크…. 얼마 전에는 미국 서부에 다녀오면서 미국 원주민들의 요리책을 입수하기도 했는데 앞으로도 이렇게 레퍼토리는 계속 늘어날 것 같다.

파티를 할 때는 메뉴도 옆에 적어서 붙여놓는다. 초대받은 친구들이 집에 모여들면 아이들은 일단 메뉴가 무엇인지를 보고 이건 어떤 음식이냐고 하나하나 질문을 하기 시작하는데 자연스럽게 다양한 문화의 음식 이야기로 이어질 수 있다. 조금 더 준비를 한다면 그 음식과 연관이 되는 역사 이야기까지도 덧붙일 수가 있다. 이를테면 덴마크는 17~18세기에 인도를 식민지로 둔 역사가 있어서 요리에 인도의 향신료가 많이 쓰인다는 이야기들이다. 그리고 외우기 어려운 음식의 이름을 잘 맞히는 사람에게는 선물을 주는 게임도 하고, 이 요리가 어느 나라 요리인지를 맞히는 게임도 한다. 이렇게 저절로 다문화 교육도 되고 휘게의 시간도 무르익어 가는데, 재미있는 것은 어떤 새로운 나라의 음식도 아이들에게 가면 자신에게 익숙한 이름으로 바뀐다는 것이다. 프랑스 스튜 요리인 뵈프 부르기뇽은 장조림으로, 끼슈는 계란찜으로, 어니언 수프는 양파죽으로, 태국의 국수 요리인 팟타이꿍은 볶음국수 등으로 어느새 바뀌어있다. 그렇게 우리는 다양한 문화의 음식들이 있지만 결국 비슷한 음식이 우리에게도 있음을, 그 보편성을 깨달으면서 먼 나라의 음식도 금세 친근하게 느끼게 된다. 우리와 먼 나라인 것 같은 덴마크나 북유럽의 이야기를 하고 있지만, 결국은 그 문화도 우리와 통하는 보편성이 있다는 것을 알게 되는 것과 마찬가지로 말이다.

일터에서도 북유럽 사람들은 생일이 되면 생일을 맞은 사람이 알아서 애플 시나몬 디저트나 전통 케이크를 직접 구워서 커다란 접시에 가지고 온다. 그렇게 자신의 생일을 알리고, 오후의 휘겔리한 티타임에는 수십 명의 동료들과 케이크나 파이 등을 한 조각씩 나누어 먹는다.

내가 사는 아파트 옆에는 한강과 산, 하늘을 동시에 볼 수 있는 작은 공원이 있는데, 이곳에는 테이블 몇 개와 놀이터가 함께 있다. 내가 아웃도어 키즈 카페라고 부르는 이곳은 이 동네에 살면서 제일 좋아하는 장소인데, 어떤 해에는 그 공원에서 생일 파티를 하기도 했다. 집에서 만든 음식들을 장바구니 수레 같은 것에 싣고 가서 테이블 옆의 진짜 나무들에 형형색색 다른 모양의 풍선을 매달고 아이의 이름이 새겨진 생일 파티 간판도 걸었다. 아이들이 테이블에서 음식을 먹다가 놀이터에 가서 숨바꼭질도 하고 소꿉놀이도 하면서 시간을 보내기에 정말 좋은 장소였다. 초가을에 생일이 있는 첫째 딸의 생일을 그렇게 보냈는데, 탁 트인 하늘 아래에서 모든 에너지를 발산할 수 있었던 신나는 생일 파티였다. 층간 소음이나 식당의 다른 손님들을 신경 쓸 필요 없이 말이다.

아이들이 조금 커서는 친한 친구들만 몇 명을 초대해서 촛불을 켜 놓고 정말 휘겔리한 생일 파티를 시작했다. 이때는 많은 것이 필요하지 않다. 몇 개의 촛불과 아늑한 음악을 곁들이면 되는데, 역시 친구들이 이런 분위기를 처음에는 조금 낯설어했다. 하지만 따뜻한 수프를 함께 먹고, 비싸지 않은 소박한 음식이어도 함께 나누어 먹으며 이야기를 하면 정말 아이들은 10초에 한 번씩 웃음을 터뜨리며 대화를 한다. 나는 아이들에게 휘게의 정신을 잔깜 설명해주었다. 우리는 서로 도와주어야 하는 친구들이라는 것, 또 모두 다른 꿈을 가지고 있어서 그다지 경쟁할 필요는 없는 사이라는 것, 서로 헐뜯는 말보다는 좋은 말을 주고받아야 훨씬 행복해진다는 것 등을 딸의 친구들과 함께 이야기했다. 중학생이 된 아이와 본격적인 사춘기의 갈등이 시작되었을 때, 나는 이 생일 파티를 통해서 아이와 관계 회복을 할 수 있었다. 친구들과 어떻게 지내는지를 눈으로 직접 볼 수 있었고, 순수하고 즐거운 방법으로 서로를 아껴주는 아이들의 모습에 한시름 푹 놓을 수 있었다. 파티를 다 끝내고 디저트를 먹을 때는 나도 아이들 옆에 친구처럼 앉아 대화를 나누고, '오늘의 요리사와 함께 하는 사진'이라고 우리끼리 이름 붙인 사진을 같이 찍기도 했다. 그날 친구들이 딸아이에게 물어보았다고 한다. 너희집은 항상 이렇게 촛불을 켜고 파티처럼 저녁을 먹느냐고 말이다. 물론 딸아이의 대답은 이랬다.

"아니, 평소에는 주로 반찬 가게 음식들로…."

일하는 엄마에게 — 밖에서 일하든 집에서 일하든 — 반찬 배달 서비스만큼 소중하게 느껴지는 비즈니스는 없다. 한국 음식은 특히 손이 많이 가고 시간이 많이 걸려서 북유럽에 비해 일과 균형을 맞추기에는 어려운 점이 많아서 가끔씩 외부의 도움을 받는다. 매일 완벽하려고 애쓸 수도 없고 실제로 그럴 수도 없지만 휘게의 시간은 절대로 거창한 것이 아니다. 약간의 수고로움만 마다하지 않는다면 아이들과 행복한 시간, 행복한 생일 파티의 추억을 만들어낼 수 있다. 음식은 행복감을 줄 수 있는 가장 원초적이면서도 쉬운 방법이니까.

케이크, 케이크, 또 케이크

Markus

당신이 만약 나에게 파티를 위한 북유럽의 케이크를 나열하라고 한다면 아마 책 한 권은 족히 나올 것이다. 나는 전통적인 덴마크의 생일 음식을 먹으며 자랐다. 그건 홈메이드 밀크번, 핫코코아 그리고 휘핑크림을 더한 층층이 쌓은 '덴마크식 생일 케이크'를 말한다. 보통 생일 파티는 오후에 시작되니 손님들이 이미 점심을 먹은 상태라면 밀크번이나 케이크 정도만 준비해도 충분하다.

어떤 이들은 층층이 쌓은 이 케이크 대신에 '케이크맨(Kagemand)'이라는 덴마크식 전통 생일 케이크를 만들기도 한다. 케이크맨은 사람 모양을 하고 있는데 팔과 다리, 머리가 설탕 글레이즈나 사탕으로 장식이 되어있다. 우리 가족은 보통 층층이 쌓은 덴마크식 생일 케이크를 만들어 먹는 편이지만, 이 귀여운 덴마크 전통 케이크를 만들고 싶어할 분들을 위해 케이크맨의 레시피도 함께 소개한다.

GAMMELDAGS FØDSELSDAGSKAGE

덴마크식 생일 케이크

이 층층이 쌓은 케이크는 모양과 크기가 실로 다양하다. 덴마크에서는 이미 만들어진 케이크의 레이어를 슈퍼마켓에서 살 수 있는데, 한국에서는 따로 팔지 않으니 키가 크고 둥근 베이킹 트레이가 필요하다. 레이어를 몇 번 만들어보면 그 다음부터는 확실히 더 쉽게 만들 수 있고 갖가지 종류의 필링으로 채우는 것도 해볼 수 있다. 나는 바나나나 초콜릿칩을 사용하기도 하고, 통조림에 든 복숭아나 휘핑 크림을 사용하기도 한다. 폭신한 케이크 레이어와 크리미한 필링을 만들기만 하면 실패할 일이 절대 없는 케이크이다.

재료

계란 3개
설탕 200g
우유 100ml
밀가루 175g
베이킹 파우더 2작은술
소금 약간
코코아 파우더 50g (선택)

커스터드 크림 재료

계란 1개
옥수수 가루 15g
바닐라 스틱 1/2개의 씨앗
우유 250ml
설탕 40g
크림 500ml

장식을 위한 재료

각종 베리류 500g (블루베리, 스트로베리, 라스베리 등)

케이크 만들기

버터를 녹여서 식힌다. 전기 핸드믹서를 사용해서 계란과 설탕을 하얗고 거품이 일게 섞은 후 버터와 우유에 넣어 젓는다. 밀가루, 베이킹 파우더, 소금, 코코아 파우더를 넣고 부드러워질 때까지 섞는다. 베이킹 트레이에 오일을 바르고 설탕을 뿌려서 케이크가 구워졌을 때 잘 떨어지게 한다. 반죽을 트레이에 붓고 200도의 오븐에서 25분 정도 굽는다. 오븐에서 꺼내 최소 30분 정도 식힌 후 트레이와 분리시키는 것을 잊어서는 안 된다. 나이프를 사용해서 케이크를 두세 번 잘라서 층을 만든다.

커스터드 크림 만들기

계란과 옥수수 전분을 냄비에 넣고 젓는다. 바닐라 씨앗과 우유, 설탕을 추가해서 넣는다. 바닐라 크림이 걸쭉해질 때까지 끓인 뒤 식힌다. 크림을 부드럽고 폭신한 상태로 휘핑한 다음 차가워진 바닐라 크림에 섞는다.

케이크 완성하기

커다랗고 동그란 접시 위에 가장 아래의 케이크 레이어를 깐다. 케이크의 바깥쪽부터 각종 베리들을 뿌리고 베리 양의 반 정도를 위에 전부 뿌린다. 크림의 반 정도를 그 위에 붓는다. 케이크의 또 다른 레이어를 그 위에 얹고 커스터드 크림을 부은 뒤 나머지 베리들로 장식을 한다.

KAGEMAND

케이크맨

덴마크식 전통 생일 케이크

케이크맨의 좋은 점은 아이들이 이 케이크에 장식하는 것을 틀림없이 즐길 거라는 사실이다. 동그란 사탕을 이용해서 단추를 만들고, 사탕줄을 이용해서 머리카락을 만들면서 말이다. 케이크의 모양은 얼마든지 다르게 만들 수 있다. 내가 아는 어느 덴마크의 여성은 이것과 똑같은 레시피로 그녀의 아들을 위해 매년 유럽의 어느 멋진 성을 만들어준다.

재료
버터 100g
드라이 이스트 100g
계란 1개
우유 400ml
설탕 100g
밀가루 750g
소금 1작은술

설탕 글레이즈 재료
3개의 계란 흰자 머랭
(단단하게 휘핑한 것)
슈거 파우더 125g

장식을 위한 재료
사탕
신선하거나 혹은
말린 과일

베이킹 트레이에 유산지 한 장을 깔고 그 위에 펜을 이용해서 케이크맨의 아웃라인을 그린 후 팔과 다리, 머리를 그려넣는다.

손으로 모든 재료를 몇 분 동안 잘 섞어서 반죽을 만든다. 반죽을 작고 동그란 모양의 번으로 만들어서 유산지 위에 그린 케이크맨의 아웃라인 위에 1cm 간격으로 놓는다.

번이 부풀도록 30분간 두었다가 오븐을 200도에 맞추고 15분 정도 굽는다. 케이크를 꺼내서 20분 정도 식힌 후 설탕 글레이즈를 붓는다. 캔디와 설탕으로 장식을 한다.

BIRTHDAY MILK BUNS

생일을 위한 밀크번

이 레시피는 약 20개 정도의 번을 만들 수 있는 분량이라서 생일 파티에 온 아이들이 한 개씩은 모두 먹을 수 있다. 대개는 케이크만으로도 충분하지만, 밀크번이 있다면 조금 더 풍족한 파티가 될 수 있다. 덴마크에서는 밀크번과 각종 잼, 혹은 버터를 함께 낸다.

드라이 이스트 10g
우유 200ml
버터 100g
계란 2개
설탕 50g
소금 1작은술
카다멈[2] 1작은술(선택)
밀가루 500g (강력분 혹은 중력분)

우유를 냄비에 천천히 데우고 버터는 녹인 후 식혀 둔다. 버터와 설탕, 소금, 드라이 이스트, 계란 1개와 카다멈을 우유에 넣고 잘 젓는다. 마지막에 밀가루를 넣은 후 반죽을 잘 해서 부드럽고 탱탱하게 만든다. 반죽을 그릇에 넣고 30분 정도 부풀게 둔다. 베이킹 트레이에 유산지를 깔고 그 위에 20개 정도의 번을 동그랗게 만들어서 놓고, 다시 30분 정도 그대로 둔다. 계란 1개를 섞어서 반죽 위에 잘 발라준다. 225도의 오븐에서 15분간 구워내고 손님들에게 내기 전에 몇 분간 식힌다.

2 인도, 부탄 등 열대지방에서 주로 생산되는 생강과 향신료의 일종이다.

HOT COCOA
핫코코아

이건 진짜 초콜릿을 이용하는 조금 사치스러운 코코아다. 많은 사람들이 코코아 파우더나, 초콜릿과 코코아 파우더를 섞어서 사용하지만 생일 파티에 쓰는 코코아는 일 년에 몇 번 안 되기 때문에 나는 조금 특별하게 만드는 편이다. 아주 작은 컵의 코코아만 있으면 누구든 몸을 따뜻하게 녹일 수 있다. 만약 좀 더 마일드한 것을 원한다면 똑같은 우유의 양에 초콜릿을 더 적게 넣으면 된다. 조금 더 제대로 분위기를 내려면 휘핑크림을 그 위에 얹어서 낸다. 그러면 정말 진하고 거부할 수 없는 핫코코아가 된다.

다크 초콜릿 200g
(카카오 함량 60~70%)

우유 2 L

우유를 천천히 데우면서 80도 정도가 되거나 약간의 스팀을 내기 시작하면 초콜릿을 넣는다. 완전히 끓이지는 말고 천천히 따뜻하게만 유지하면서 초콜릿이 녹게끔 잘 젓는다. 갈색의 코코아로 멋지게 변신할 때까지!

Danish pork roast

가을의 음식

덴마크식 돼지고기 로스트

대부분의 북유럽 사람들에게 가을의 음식은 거의 비슷한 주요 재료들로 만들 수 있다. 뿌리 채소, 사과 등을 이용해서 만드는 따뜻한 스튜나 촉촉한 로스트 음식들이다. 가을은 위로의 음식이 필요한 계절이지만 또 한편으로는 땅에서 향기로운 채소들을 캐내는 계절이기도 하다. 가을이면 내가 즐겨 요리하는, 만들기 쉬운 세 가지 노르딕의 가을 음식을 소개하고자 한다.

돼지고기 커틀릿용 4장
사과 2개
성글게 다진 양배추 반 통
견과류 1컵
커리 파우더
사과주스 1컵
소금, 후추 약간
오일 약간

❶ 프라이팬을 달군 뒤 오일을 넣고 돼지고기를 넣는다.
❷ 2분 정도 익힌 후 뒤집어서 다시 2분 정도를 익힌 다음 접시에 꺼내어 식힌다.
❸ 같은 프라이팬에 사과와 양배추를 넣고 2분 정도 익힌다.
❹ 커리 파우더를 그 위에 뿌려서 30초 동안 볶다가 사과주스를 넣는다.
❺ 익혀두었던 돼지고기를 다시 프라이팬에 넣고 소스와 함께 잘 버무려서 익힌다.
❻ 그릇에 담은 후 견과류를 으깨서 위에 뿌리고, 밥이나 삶은 감자를 곁들여서 낸다.

이 음식은 가을 동안 모든 북유럽 지역을 한꺼번에 요약해서 보여주는 음식이라고 보면 된다. 우리는 돼지고기를 많이 먹는 편이고, 이 요리는 가을에 먹으면 좋은 견과류와 과일류를 함께 곁들이고 있다. 이 요리는 만들기 정말 쉬운 요리인데, 여기에 들어가는 재료들(돼지고기나 견과류, 사과, 양배추 등)은 언제든 다른 테마로 즉흥적으로 바꾸어도 되고, 입맛에 따라 밥을 곁들이거나 고추장 혹은 김치를 곁들여 새롭게 창조해내도 된다.

Råkost

가을의 음식

라코스트

이 음식은 가을 내내 모두가 좋아하는 샐러드이고 신선한 채소를 듬뿍 먹을 수 있는 확실한 방법이다. 가을은 향기로움으로 가득 찬 채소와 과일들을 쉽게 먹을 수 있는 계절이니 꼭 만들어 먹어보길 바란다. 처음에는 아이들에게 이 채소들을 먹이는 것이 여간 어려운 일이 아니었다. 하지만 당근과 오이, 그리고 건포도 등을 조금씩 넣어서 먹게 하니 마침내 아이들도 한 입, 두 입씩 먹기 시작했다. 언제든지 새로운 재료와 채소로 만들 수 있는 요리이다. 가장 좋아하는 조합을 발견할 때까지 말이다. 신선하게 다진 생강과 샐러리, 그리고 오렌지 껍질은 샐러드의 맛을 더해줄 것이다.

큰 당근 1개
오이 1개
건포도 1/2컵
레몬 1/2개에서 짠 레몬즙
설탕 1큰술
소금 약간

❶ 당근과 오이는 채썰기 도구나 푸드 프로세서를 이용해서 채를 썰어놓는다.
❷ 큰 볼에 설탕과 레몬즙을 넣고, 설탕이 녹을 때까지 잘 섞는다.
❸ 채 썬 야채와 건포도를 합쳐서 마지막으로 잘 섞으면 완성이다.

Rødbede Salat

비트루트 샐러드

이 샐러드는 아내와 아이들이 특히나 좋아하기 때문에 정말 자주 이 음식을 만든다. 그건 아내와 아이들이 비트루트[3]와 사과를 좋아하기 때문인데, 샐러리는 향이 강해서인지 아이들이 잘 안 먹는다. 그래도 세 번 주면 두 번은 먹는 편이니 그리 나쁜 성공률은 아니다.

비트루트 3개
샐러리 3대
사과 2개
샐러드 채소 적당량
신선한 딜[4](선택)
아몬드 1/2컵
식초 2큰술
오일 1큰술
소금, 후추 약간

❶ 비트루트를 냄비에 넣고 잠길 만큼 물을 넣는다.
❷ 비트루트가 부드러워질 때까지 20분 정도 삶고, 다 익으면 식혀놓는다.
❸ 사과, 샐러리, 샐러드 채소를 한 입 크기로 잘라서 샐러드 볼에 담는다.
❹ 샐러드 볼에 딜, 아몬드, 식초, 오일, 소금과 후추를 넣고 섞는다.
❺ 마지막으로 삶은 비트루트를 넣으면 완성이다.

3 샐러드용 채소로 많이 먹는 검붉은 뿌리 음식을 말한다.
4 허브의 일종으로 북유럽 요리에 자주 들어가는 재료이다.

SCANDI DADDY'S WINTER

Over skyerne er himlen altid blå.
Above the clouds the sky is always blue.

구름 너머의 하늘은 언제나 푸르다.
- 덴마크 속담 중 -

4 겨울 Winter

손꼽아 기다리는 계절의 시작

Markus

북유럽에는 많은 휴일들이 있지만, 그중에서도 크리스마스만큼 휘겔리하면서 중요한 휴일은 없다. 12월은 한 달 내내 크리스마스 분위기로 가득하기 때문에 아이들 역시 아주 들뜬 마음으로 지낸다. 덴마크의 크리스마스 전통은 종교나 믿음에 관한 것이라기보다는 대대로 전해 내려오는 문화인데 가족들마다 조금 다른 특징을 가진다. 하지만 이 모든 전통과 문화를 관통하는 중요한 의미는 — 꼭 북유럽에 있거나 기독교인이 아니라고 할지라도 — 이 추운 겨울의 시간에 함께 모여 시간을 보내는 것에 있다. 내가 여기 소개하는 북유럽의 전통은 한국에서도 충분히 해볼 수 있는 재미있는 것들이다.

대부분의 덴마크 가정에서는 12월의 첫날부터 설렘과 흥분이 시작된다. 아이들에게는 12월 25일, 단 하루만이 아니라 12월 전체가 크리스마스다. 12월 1일이 되면 아이들은 일단 '크리스마스 달력'을 선물로 받는다. 이 달력은 대개 종이로 만들어지는데, 어떤 모양의 달력이든 모두 24개의 작은 문이 있어서 크리스마스 이브가 될 때까지 하루에 하나씩

문을 열어 보게끔 되어 있다. 작은 종이 문 뒤에는 초콜릿이나 그림 같은 것이 숨겨져 있어 아이들에게 크리스마스를 기다리는 즐거움을 매일매일 느끼게 해준다. 이 달력은 근처 가게나 서점에서 살 수도 있고 부모들이 직접 만들기도 하는데, 사탕이나 크레용, 작은 공과 같은 선물들을 24개의 포장으로 만들어 숨겨둔다. 어떤 부모들은 12월 1일이 시작되기 전에 24개의 선물을 모두 포장해서 거실의 천장에 매달아 두기도 하는데, 나는 아직 그렇게 해보지는 못했다. 변명을 하자면, 세 아이의 크리스마스 달력을 12월이 오기 전에 완벽히 준비한다는 건 누가 보아도 어려운 일이지 않을까(24 x 3 =?). 대신 나는 크리스마스 양말을 아직도 사용한다. 12월은 매일 아침 일어날 때마다 아이들이 양말 안에 들어있는 새로운 선물을 꺼내 보게끔 하는 것이다. 아이들은 아침에 일어나자마자 이 양말을 찾으러 간다. 그 덕분에 아이들이 아침에 이불 속에서 뒹굴지 않고 벌떡 일어나니 아침 준비도 훨씬 수월하다. 나의 첫째 아들은 이제 산타클로스를 믿지 않는 눈치지만, 그걸 어떻게 아느냐고 물어보면 아직 알쏭달쏭하다는 표정을 짓는다. 나는 아이들이 산타클로스나 요정 같은 것을 최대한 오랫동안 진짜라고 믿는 건 정말 즐거운 일이라고 생각한다.

또한 덴마크에는 매년 크리스마스 때마다 많은 가족들이 구입하는 '자선 달력(charity calendar)'이라는 것이 있다. 이 달력의 판매수익금은 모두 어려운 이웃들을 위한 성금으로 쓰이는데 대부분의 덴마크 가족들은 이 일에 동참한다. 이 달력도 크리스마스 달력과 마찬가지로 냉장고나 벽에 붙여놓고 매일 하나씩 열어보는 것인데, 덴마크의 TV에서 매일 방영하는 크리스마스 쇼의 테마와 같은 구성이어서 아이들은 달력 문을 열어보는 것을 즐거워한다. 그 테마란 주로 요정 — 덴마크에서는 'nisser'라고 부르는 — 에 관한 것이다. 이 요정은 산타클로스가 크리스마스 이브에 싣고 떠날 선물들을 마련하는 데 중요한 역할을 한다. 어떤 해는 TV에서 새로운 쇼가 방영되기도 하지만 사실 매년 똑같은 쇼가 방영된다. 어떤 쇼는 너무 오래된 거라 엄마, 아빠들도 기억할 정도이다. 그러니까 엄마, 아빠가 어릴 때 봤던 쇼를 지금의 아이들도 똑같이 보는 셈이다. 12월의 밤에는 모든 부모들이 아이들과 둘러 앉아 자신이 어릴 때 보았던 그 쇼를 함께 보는데, 그건 어린 시절에 대한 향수를 불러일으키고 가족이라는 공동체의 느낌을 함께 주는, 매우 휘겔리한 일이다.

그뿐만 아니라 크리스마스를 기다리는 동안 꼭 준비하는 것이 또 하나 있는데, 그건 바로 '캘린더 양초'이다. 이 양초는 스칸디나비아 어느 곳, 어느 가게를 가더라도 쉽게 살 수 있는 양초인데, 특징이 있다면 일단 두툼한 두께를 자랑하며 24개의 눈금으로 나뉘어져 있다는 점이다. 그리고 대개 크리스마스를 떠올릴 수 있는 소나무나 빨간 하트 같은 그림들로 장식돼있다. 한국에 와서는 이런 양초를 찾을 수 없어서 고민하다가 그냥 평범한 큰 양초 하나와 색깔 있는 왁스를 사서 내가 직접 만들기도 했다. 아주 얇은 나이프를 사용해서 양초에 하나하나 눈금을 긋고 왁스로 숫자를 만들어 붙였다. 그리고 빨간 하트도 새기고 초록 크리스마스 나무도 심혈을 기울여 그려넣었다. 사실 정말 어려운 작업이었는데 완성해놓고 보니 진짜 캘린더 양초처럼 그럴듯해 보여서 얼마나 뿌듯했는지 모른다.

이 크리스마스 캘린더 양초를 태울 때 주의해야 할 점은 하루의 눈금에 정확히 도달할 때까지만 태워야 한다는 점이다. 너무 많이 태우지 않도록 조심하면서 말이다. 덴마크 사람들은 하루에 해당하는 눈금보다 초를 더 태우면 좋지 않다고 여기는데, 이건 아이들이 촛불에 불을 붙일 때 재미를 더하는 요소이기도 하다. 우리는 보통 저녁 식사를 하기 전에 초에 불을 켜고 식사가 끝난 뒤 테이블을 정리하거나 설거지를 하다가 촛불을 끄는 일을 종종 잊곤 하는데, 그럴 때면 나의 첫째 아이가 초를 잘 보고 있다가 외친다.

"아빠, 보세요! 이제 초가 16까지 내려 왔다고요!"

아이는 자신이 숫자를 잘 알고 있고, 숫자를 셀 수도 있다는 것을 자랑스럽게 알리며 소리친다. 그러면 나는 아이가 촛불을 불어서 끄게 하고, 아이에게 크리스마스가 될 때까지 며칠이 남았는지 다시 한 번 숫자를 세게끔 한다.

모든 덴마크의 가정이 캘린더 양초를 켜는 전통을 따르는 것은 아니다. 어떤 가정은 '대림절(크리스마스 전의 4주간 일요일) 양초'를 켜기도 한다. 양초를 켜는 방법은 집집마다 다른데, 네 번의 일요일마다 양초 한 개씩을 켜기도 하고, 아니면 첫 번째 일요일은 한 개, 두 번째 일요일은 두 개, 세 번째 일요일은 세 개, 네 번째 일요일은 네 개의 양초를 켜서, 각각 키가 달라진 양초를 한꺼번에 켜기도 한다. 이렇게 매일 날짜마다 초를 켜는 번거로움을 줄이면서도 휘게의 느낌이 나는 따뜻한 분위기를 만들 수 있다.

대림절 양초를 만들려면 우선 네 개의 두툼한 양초를 사야 한다. 나는 아직도 크리스마스가 되면 나의 부모님과 함께 두툼한 양초와 갈색의 찰흙, 그리고 소나무 장식 등을 사러 상점에 가던 날을 생생히 떠올린다. 이것이 대림절 양초를 위한 가장 기본적인 준비이다. 찰흙을 잘 빚어서 종이 접시에 놓고 접시가 보이지 않을 만큼 펴서 붙인다. 그리고는 찰흙 위에 양초와 소나무 가지들을 올려서 떨어지지 않게 장식하는

데, 찰흙이 굳으면 떨어지지 않고 잘 붙어있게 된다. 그런 다음 크리스마스 유리공이나 종이 하트, 나무로 만든 천사와 같은 크리스마스 장식을 더 해주면 완성된다. 어떤 가족들은 몇 대에 걸쳐서 물려받은 크리스마스 장식품들을 가지고 있는데 그것을 다시 꺼내어 보기 위해서라도 대림절 양초를 만들고는 한다. 나의 가족은 주로 심플하면서도 간단하게 만드는 편이라서 양초 주변을 소나무 가지로 감싸고 몇 개의 솔방울과 레드베리처럼 생긴 장식품을 매달았다. 이 양초 장식은 아이들에게 매년 즐거운 놀이가 되는데 찰흙을 빚고, 나뭇가지를 자르고, 장식을 하는 등 아이들이 스스로 하기에 전혀 어려움이 없다.

대림절 양초 장식은 집에 친구나 가족들을 초대해서 보내는 12월의 네 번의 일요일을 크리스마스 분위기가 물씬 나게 하는 멋진 배경이 되어준다. 대개 덴마크 사람들은 순서를 돌아가면서 서로의 집에 초대하는데 크리스마스 쿠키나 글뤽(Gløgg)[1]을 마시면서 함께 시간을 보낸다. 12월 23일과 24일은 아주 가까운 가족을 위해 비워놓아야 하기 때문에 나머지 주말에는 친구나 동료, 그리고 먼 친척들을 최대한 많이 초대하고 만난다.

12월 크리스마스 기간에는 보통 '애플스키버(Æbleskiver)'라는 덴마크식 와플을 디저트로 대접한다. 그리고 크리스마스가 되면 늘 굽는 똑같은 쿠키가 계속 나오지만 가정마다 조금씩 다른 레시피를 가지고 있어서 아주 지루하지는 않다. 아이들은 늘 같은 레모네이드를 마시고, 부모들 역시 이때면 늘 글뤽을 마시지만, 많은 가정들이 이걸 만드는 것으로 즐거운 콘테스트를 할 정도로 결코 맛이 다 똑같지가 않다. 특히 이 글뤽에 대해서 할 말이 많은 건 주로 아빠들이다. 자신이 글뤽을 만

1 설탕과 향신료를 넣어서 끓인 와인으로, 북유럽 버전의 수정과와 같은 음식이다.
2 감자로 만든 술을 말하며 주로 북유럽 사람들이 즐겨 마시고 도수가 높은 편이다.

들기 위해 1년 전부터 준비를 했다는 등 건포도를 럼주나 스냅스[2]에 얼마나 오랫동안 담가두었는지에 관한 이야기들이 나온다. 혹은 이 음료를 위한 향신료의 레시피는 자신의 할아버

지에게서 물려받은 비밀 레시피라는 등의 시시콜콜한 이야기들이 오고 간다. 이런 스토리는 7~8종의 크리스마스 쿠키에도 동일하게 적용되는데, 각 집마다 보물창고에 보관해둔 쿠키 비밀 레시피가 있다. 12월 즈음이 되면 크리스마스 쿠키는 슈퍼마켓에서 얼마든지 살 수 있지만, 만약 친구나 친척을 초대한다면 쿠키 몇 가지는 꼭 집에서 만드는 게 예의이다. 어떤 이들은 쿠키를 만드는 시간을 아예 이벤트로 만들어서 친구와 가족들이 모여 하루 종일 쿠키 반죽을 하고 쿠키를 구우면서 끝없는 대화를 나누는데 이만큼 좋은 놀이도 없다. 그리고 모두가 기다리는 마지막 마무리는 바로 맛있게 구워진 쿠키를 한 상자씩 푸짐하게 포장해서 집으로 가져가는 일이다.

Debbie

북유럽의 겨울은 춥고 어두워서 도무지 반가울 리가 없건만, 겨울이 '손꼽아 기다리는 계절'이라는 마쿠스의 표현에서 그들에게 크리스마스가 얼마나 중요한 명절인지 알 수 있다. 자칫 우울할 수 있는 계절이 따뜻하고 행복한 겨울로 탈바꿈할 수 있는 것은 바로 그들이 매일을

축제로 만들어내는 '크리스마스'와 '휘게'에 있다. 언젠가 한국에 방문한 덴마크 동료가 커다란 여행용 가방에서 꼬깃꼬깃 포장된 선물을 꺼내 보인 적이 있는데, 그건 하루하루 눈금이 그어져 있는 두툼하고 무거운 크리스마스 양초였다. 그걸 옆구리에 끼고 한국까지 날아오다니, 그 선물을 펴보는 순간 함께 있던 모두가 폭소를 터뜨렸지만, 나도 12월 한 달 그 양초를 태우며 얼른 아기 예수님이 태어나기를 하루하루 기다렸던 기억이 아직도 생생하다. 가정에서뿐만 아니라 사무실에서도 사람들은 하나둘 크리스마스를 기다리는 양초를 켜고, 아이와 어른 모두 설레고 들뜬 마음으로 12월을 보낸다. 그리고 진짜 크리스마스 이브가 되면 크리스마스 쿠키를 굽기 위해 가족들이 모여 앉아 시간을 보내는데, 남녀노소 할 것 없이 모두 함께 하는 '놀이'라고 여기기 때문에 '노동'이라고 생각하지 않는다. 이런 시간은 마치 한국 명절의 전을 부치는 시간과 비슷하다고도 볼 수 있지만, 느낌이 조금 다른 것은 한국의 전을 부치는 일은 주로 며느리들, 즉 여자들만 하기 때문에 원성이 높고 놀이라기보다는 노동이라고 느껴지기 때문이다. 덴마크의 크리스마스 명절을 보면서 '우리도 저렇게 설레고 기쁜 명절을 매년 만들 수 있다면 얼마나 좋을까' 하고 오랫동안 혼자 생각했던 것 같다. 노동과 놀이는 정말 마음가짐에 따라서 종이 한 장 차이니 말이다. 따뜻한 글뢰그을 마시며 애플스키버, 여러 종류의 크리스마스 쿠키를 함께 즐기면 정말 크리스마스가 온 느낌이 한껏 난다.

아이들에게 '좋은 문화' 그리고 '좋은 추억'을 선물하고 물려주고자 노력하는 덴마크의 부모들을 보면 감탄이 저절로 나온다. 한번은 덴마크 친구들이 자신의 아이들을 위해 만든 여러 종류의 크리스마스 달력을 본 적이 있다. 털실로 짜서 만든 달력, 예쁜 패턴의 상자로 만든 달력, 천으로 만든 달력 등 정말 창의성과 개성 넘치는 달력의 모습과 그 안에 들어 있는 아기자기한 선물들에 감탄하지 않을 수 없었다. 얼마나 많은 정성과 계획이 그 안에 들어가야 가능한 일인지……. 크리스마스 달력은 부모들이 만들기도 하지만, 상대적으로 시간이 더 많은 할머니와 할아버지들이 일찍부터 준비하고 만들어서 손자, 손녀에게 선물하는 일도 있다. 그리고 자선 달력을 통해서는 주변의 어려운 이들을 돌아보면서 TV프로그램의 추억을 함께 나누는 일도 빠뜨리지 않으니, 부모들도 어릴 적 보았던 추억의 요정들과 다시 만나고 그 순수했던 시절로 잠시나마 돌아가는 것이다. 덴마크 사람들은 오래된 것을 즐기고 그것에 가치를 두는 경향이 있어서 그리 놀라운 일은 아니다.

크리스마스나 평소에 오픈 샌드위치로 자주 먹는 호밀빵도 각 가정마다 전통이 있어서 아직도 대대로 전해 내려오는 발효 반죽(sour dough)을 사용하는 가정들이 있다. 반죽을 할 때마다 한 줌의 반죽을 떼어놓았다가 발효를 시켜서 다음 반죽에 넣는 방식인데 아주 시큼한 냄새가 나는 반죽이다. 마쿠스의 가족은 100년 된 발효 반죽을 사용하고 마쿠스의 아내인 리아는 60년 된 발효 반죽을 사용해서 빵을 만든다고 한다. 한 명이라도 반죽을 떼놓는 일을 잊어버리면 그 전통이 끊기게 되는 것이라서 혹시라도 그런 일이 생기면 다시 고모집이나 삼촌집 등을 다니며 반죽을 얻어와야 마음이 놓인다고 하니, 실로 대단한 지속성을 가진 전통이다. 그들은 이렇게 정성스럽게 준비된 음식, 대대로 내려오는 특별한 레시피와 함께 12월 한 달을 의미 있는 활동과 놀이로 꽉 채워 그 의식을 치른다. 그런 후에야 비로소 1년이 끝났다는 느낌이 들어 새로운 한 해를 준비하고 계획하게 되는 것이다.

나의 크리스마스는 나의 아이들 말고도 마음으로 가족이 된 아이들 네 명과 늘 함께 했다. 두 아이는 남편이 결혼 전에 멘토링으로 만나던 아이들인데 걷지 못하는 장애인 부모님을 둔 아이들이었다. 그 아이들을 처음 만났던 날도 크리스마스 이브여서 작고 아담한 그들의 집에서 촛불을 켜고 크리스마스를 맞이했는데 아직도 기억이 생생할 만큼 아기자기하고 소중한 크리스마스였다. 부모님이 두 분 모두 걷지를 못하시니 아이들이 바깥 활동을 하는 것에는 늘 제약이 따랐다. 몸에 장애가 없는 사람들도 아이 둘을 키우는 것이 이렇게나 힘든데, 과연 그분들께서는 어떻게 해내고 계신 건지 상상이 되지 않았다. 그래서 우리는 우리 아이들과 함께 노는 시간에 그 아이들도 함께 데리고 밖으로 나가서 놀았다. 시간을 따로 내서 하려면 부담이 되지만 우리 아이들과 노는 시간에 같이 노는 거라고 생각했기에 부담이 크지 않았다. 대신 아이들의 부모님들은 다리가 불편한 대신 놀라운 손재주를 갖고 계셔서 우리에게 따뜻한 스웨터며 아기자기한 장식품 등을 만들어서 주시곤 했다. 돕는다기보다는 함께 삶을 나누는 것이었다. 아이들이 어릴 때는 매달 함께 밖에 나가 놀았고, 아이들이 점점 커가면서는 이벤트를 만들어서 만나고 공부하는 것을 옆에서 거들어주기도 했다. 이제는 만난 지 15년도 훌쩍 넘어 아이들도 이제 모두 성인이 되었는데, 주어진 환경과 장애를 뛰어넘고 멋진 글로벌 사회인이 되어 뉴욕과 한국에서 즐거운 소식이 날아들 때면 기쁘기가 그지 없다. 또 다른 두 아이들은 보육원을 통해 연결되어 동료들과 함께 만나기 시작했다. 크리스마스가 되면 늘 그곳에서 아이들이 장기자랑을 하는 발표회가 있어서 온 가족과 동료들이 그곳에 가서 아이들의 바이올린, 태권도 등의 발표를 봤는데, 그렇게 아이들과 함께 시간을 보내야 크리스마스 기분이 나고는 했다. 역시 이 아이들도 모두 이제는 어엿한 성인이 되어 일터에서 자신의 재능을 열심히 발휘하며 살아가고 있다. 그런 경험들이 쌓여 나의 아이들은 어렸을 때부터 본인과 다른 환경의 사람들을 이해하면서 친근하고 스스럼없이 대하는데, 실은 아이들에게 이런 문화를 남겨주고 싶었다.

누군가를 돕거나 지지해주는 일이 이제 삶의 한 부분이 되는 시대에 살고 있어서 우리가 하는 일이 그리 대단한 일은 아니지만, 나의 아이들과 함께 이 일들을 할 수 있어서 나에게는 더욱 의미가 있었다. 그리고 마음으로 가족이 된 네 명의 아이들과 함께 할 수 있어서, 매년 다가오는 크리스마스는 북유럽 전통의 파티와 더불어 특별한 추억을 우리에게 선사해주었다.

얼마 전부터는 크리스마스 때마다 구세군 모금 봉사를 하고 있는 덴마크 친구의 가족과 나의 연장된 가족, 동료들이 모두 함께 구세군 종을 치는 봉사를 했다. 광화문 광장이며 홍대 앞 등을 다니며 모금 활동을 했는데, 이 또한 아이들에게도 그리고 우리 모두에게도 잊을 수 없고 빠뜨릴 수 없는 또 하나의 전통이 되어가고 있다. 요즘은 12월이 되어도 크리스마스 분위기가 나지 않는다고 아쉬워하는데 자기 가족만이 가지는, 혹은 동료들이나 친구들과 가지는 특별한 나눔의 크리스마스 전통을 모두 하나씩 가질 수 있다면 12월은 추운 달이 아니라 따뜻한 계절이 되고, 상업적인 크리스마스 분위기가 아니라 진짜 제대로 된 크리스마스 분위기를 즐길 수 있으리라.

CHRISTMAS HEART

크리스마스 하트

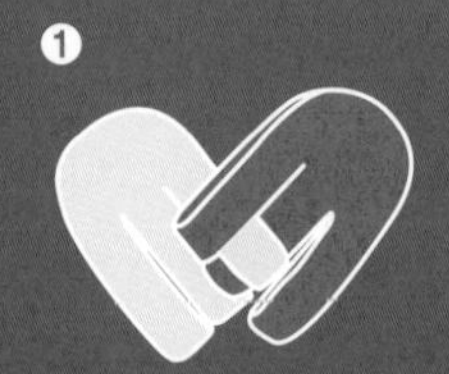

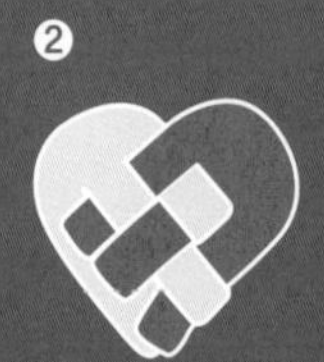

크리스마스 쿠키를 만드는 일 외에도 12월의 주말은 크리스마스 장식을 만드는 데 대부분을 보낸다. 크리스마스 장식은 정말 셀 수 없이 많은 종류가 있는데 주로 요정이나 예수님의 얼굴을 묘사하는 것들이 많다. 하지만 집에서 만드는 장식 중에 가장 보편적인 것은 크리스마스 트리에 견과류나 캔디, 초콜릿, 쿠키 같은 것을 넣어서 장식할 수 있는 종이로 엮어 만든 크리스마스 하트이다. 혹은 원뿔 모양의 장식을 만들어 그 안에 캔디나 초콜릿 등을 담아서 트리에 걸기도 한다. 이 크리스마스 하트는 덴마크의 시인인 한스 크리스찬 안데르센(Hans Christian Andersen)[3]이 1860년 즈음에 처음으로 만들었다고 알려져 있는데, 그렇다면 덴마크 사람들은 이 하트를 100년도 훨씬 넘게 매년 만들고 있는 셈이고 아직도 그 전통은 변함없이 이어지고 있다. 나의 아이들도 이 하트 만드는 것을 정말 좋아해서, 다 만들고 난 뒤 본격적으로 장식을 하는 12월 23일 즈음에 크리스마스 트리에 걸 때면 뿌듯함으로 어쩔 줄 몰라 한다.

3 우리에게 동화작가로 잘 알려져 있지만, 동화보다 시를 훨씬 더 많이 써서 덴마크에서는 주로 그를 시인이라고 부른다.

GLØGG

글뢱

이건 아마 가장 큰 덴마크의 크리스마스 전통이라고 말할 수 있다. 글뢱을 한 잔이라도 마시지 않는 크리스마스는 상상할 수 없을 정도이다. 전통적으로 크리스마스가 다가오는 12월에 글뢱을 큰 그릇에 준비해놓는 것은 아빠들의 몫이다. 이 시기가 되면 글뢱을 파는 레스토랑들도 등장하는데, 사람들로 바글바글한 레스토랑 안에 사람들이 웃고 떠들며 글뢱 안에 들어 있는 건포도를 낚시질 하는 재미를 느끼며 글뢱 파티를 하는데, 이 모습이 매우 전형적인 덴마크 12월의 모습이다. 어떤 사람들은 건포도를 1년 전부터 럼주나 스냅스에 담가놓기도 하는데, 꼭 그렇게까지 할 필요는 없다. 이런 레시피를 따르면 오히려 너무 맛이 강해지고 독특한 아로마향이 나서 마시기에 어려울 수도 있다. 좀 더 강한 글뢱을 원한다면 약간의 양주를 넣으면 된다. 가벼운 글뢱이라면 다른 술 종류는 빼고 레드 와인만 넣는 것을 권한다.

재료

레드 와인 1병
럼주 100ml
아몬드 1/2컵
건포도 1/2컵
오렌지 껍질 1개분
시나몬 스틱 2개
월계수잎 2장
통 블랙 페퍼 1/2작은술
팔각 2개
정향 1/2작은술
설탕 25g
물 300ml

모든 향신료와 설탕, 물을 큰 그릇에 넣고 섞는다. 이것을 약 10분간 끓인 뒤 1시간 정도 식혀서 향이 잘 배도록 둔다. 여기에 레드 와인과 럼주를 넣고 약 80도 정도에서 천천히 30분 정도 데운다. 만약 완전히 끓게 되면 알코올이 모두 증발하게 되므로 끓지 않는 온도를 유지하는 것이 중요하다. 손님에게 낼 때는 따뜻한 온도를 유지했다가 대접한다.

ÆBLESKIVER

애플스키버

이건 또 다른 덴마크의 전통적인 크리스마스 음식인데 보통 글뢱과 함께 낸다. 동그랗고 예쁜 모양의 애플스키버를 만들기 위해서는 마치 와플을 구울 때 와플팬이 필요한 것처럼 중간에 구멍이 나있는 특별한 팬이 필요하다. 나는 정말 무거운 주물로 만든 애플스키버팬을 가지고 있는데, 12월이 되면 그걸 꺼내서 엄청난 양의 애플스키버를 구워 낸다. 이건 손으로 그냥 집어 먹는 것이라 서서 먹어도, 앉아서 먹어도 되니, 모임의 장소가 사람으로 가득 차서 빼곡하더라도 먹기에 전혀 불편함이 없다. 보통은 큰 쟁반에 슈거파우더를 뿌리거나 잼을 곁들이는 형태로 내고, 사람들은 각자의 접시에 잼을 덜어서 애플스키버를 찍어 먹는다.

재료

우유 400ml

계란 4개
(흰자와 노른자를 분리해서 준비한다.)

밀가루 박력분 250g

베이킹 파우더
1작은술

설탕 1큰술

소금 1/4작은술

버터

큰 볼을 준비해서 우유와 계란 노른자를 섞은 후 밀가루, 베이킹 파우더, 설탕과 소금을 넣고 반죽을 만든다. 이 반죽을 천으로 덮어서 약 30분이나 그 이상 실온에 둔다. 새로운 볼에 계란 흰자 거품을 머랭 상태로 낸 다음 고무주걱을 사용하여 반죽과 함께 섞는다. 이때 반죽을 병이나 주전자 같은 곳에 넣어서 부으면 양을 조절하기가 쉽다. 애플스키버 팬이 있다면 하나의 홀에 반쯤 차게 부으면 되고, 그냥 평범한 프라이팬이라면 탁구공처럼 한 방울 떨어뜨려서 만들면 된다. 뒤집을 때는 젓가락을 사용하는 것이 좋다. 팬케이크를 만들 때처럼 뒤집어서 구우면 된다.

스칸디대디의 저녁 일상

Markus

북유럽 국가에서 겨울이란 따뜻한 집에서 책을 읽고 영화를 보거나 이야기를 하는 시간이다. 아이가 있다면 자기 직전에 책을 소리 내어 읽는 것은 많은 덴마크의 가정에서 빼놓을 수 없는, 반드시 해야 하는 의식과도 같은 것이다. 스칸디나비아에서 유치원을 다니는 나이의 아이들은 대체로 7시에서 8시 정도면 잠자리에 드는데, 한국의 아이들보다 훨씬 이른 시간에 잠자리에 드는 것이다. 나의 세 아이들은 자는 시간에 대한 바이오리듬이 모두 제각각인데 그걸 일일이 맞추는 건 너무 어려운 일이니, 8시가 되기 살짝 전에 모두 잠자리에 드는 것으로 아이들과 협상을 했다. 8시가 되면 나의 막내 아들인 야콥은 쌍둥이인 레베카가 여전히 침대에서 놀거나 이야기를 하는 동안에 이미 곯아떨어지는 편이다. 나의 마지막 저녁 일상은 언제나 아이들에게 책을 읽어주고 이야기를 들려주는 것이다. 아이를 둔 다른 친구들의 저녁 일상도 나와 크게 다르지 않다. 대부분의 덴마크 아이들은 7시에서 8시 사이에 잠자리에 들고, 자기 전 30분 정도는 항상 이야기를 듣는 것으로 시간을 보낸다.

아이들은 저녁 8시쯤 잠이 들면 보통 다음날 아침 6시 반이나 7시쯤 일어난다. 그러면 아침에 세 아이를 챙겨서 등교시키기 — 아침 식사로 오트밀과 과일을 준비하고, 아이들의 책가방을 챙기고 옷을 입혀서 첫째 피터를 스쿨버스에 데려다준 다음 쌍둥이를 유치원에 데리고 가기 — 에 딱 적당한 시간이다.

나의 '스칸디대디 저녁 프로그램'은 대부분 저녁 5시 30분쯤 본격적으로 시작된다. 이 시간부터 나는 저녁 식사를 만들기 시작하고 아이들은 TV를 보기 시작한다. 내가 요리하는 시간과 맞춰서 아이들이 TV를 보는 시간에는 제한을 두려고 노력하는 편이다. 거의 대부분의 어린이 프로그램이 30분 정도 방영하기 때문에 내가 저녁을 준비하는 시간과도 잘 맞아 그 동안 넉넉하게 아이들이 즐거운 시간을 보낼 수 있다. 20분짜리 프로그램을 두 개 보는 것도 선택 사항이다. 가끔은 아이들이 내가 저녁 식사 준비하는 것을 도우려고 할 때도 있다. 특히 꼬치에 고기를 끼우거나 야채를 썰거나 소스를 섞는 것과 같이 재미있어 보이는 활동이면 더욱 그렇다. 어떤 요리는 정말 아이들이 재미있게 할 수 있을 만한 것들이어서 아예 아이들과 처음부터 끝까지 함께 만들 때도 있다. 나는 이 저녁 요리 시간

에 아이들이 최대한 많이 참여하도록 하는 편이다. TV는 보조용으로 켜두고 말이다. 이때쯤 되면 아이들이 늘 하는 레퍼토리가 시작된다. "아빠, 저녁은 언제 다 되는 거예요? 오늘 저녁 메뉴는 뭐예요?"를 시작으로 말이다. 그리고 "아빠, 배고파 죽겠어요!"라는 말이 나오기 시작하면, 아이들에게 조용히 하라고 소리치거나 훈육하기보다는 이때를 아이들에게 야채를 먹일 최고의 기회로 여기고 살며시 행동을 개시한다. 아이들이 배가 고픈 것을 참으며 TV에 빠져있는 동안 당근이나 오이, 방울토마토, 삶은 브로콜리 같은 건강한 음식들을 아이들 앞에 슬쩍 갖다 놓는 것이다. 그러면 정말 거짓말처럼 몇 분 안에 그 야채들이 사라진다. 약간의 속임수를 쓰는 느낌이 있긴 하지만 이건 정말 효과가 있는 방법이다. 저녁 테이블 앞에서 야채를 먹이기 위해 고군분투하는 것보다 TV 앞에서라도 아이들이 야채를 들고 먹는 것을 보면 정말 행복해진다. 물론 식사가 시작되기 전이니 야채를 너무 많이 주지는 않는다.

저녁 식사 시간이 몇 분 안 되더라도 우리는 모두 동시에 한 테이블에 앉아서 밥을 함께 먹으려고 한다. 바쁜 현대 가정에서 저녁 식사 시간은 가정마다 모두 다를 수 있고, 서로 스케줄이 다른 경우에는 몇 번에 걸친 식사 시간이 생기기도 하겠지만, 이 시간은 나에게 있어 또 하나의 의식과도 같다. 서로의 눈을 바라보면서 오늘 있었던 일들을 이야기하는 소중한 시간이다. 나는 항상 아이들에게 오늘 무슨 일이 있었는지, 어떤 일을 하며 하루를 보냈는지를 물어보지만 대개 아이들은 대답이 없기 일쑤다. "아무 일 없었는데요"라든지 "기억이 안나요"라는 대답만 하기도 한다. 아이들에게 "예, 아니요"로 답할 수 있는 질문을 던지면 건질 수 있는 대답이 별로 없다. 그래서 나는 질문을 아주 자세하게 하려고 노력하는데, 비록 몇 분 지속되지는 못하지만 요즘은 진짜 대화다운 대화가 식탁에서 이루어지기 시작해서 얼마나 기쁜지 모르겠다. 함께 있다는 느낌, 그리고 하루를 마무리하며 평가하고 내일을 계획하는 일이 아이들과 함께 이루어지기 시작했다는 느낌이 들기 때문이다. 내가 아이들에게 하는 질문들은 대략 이런 것이다. "그래서 오늘 유치원에서 너무 슬픈 일을 당한 아이는 없었니?", 혹은 "어떤 장난감을 가지고 놀았어?", "재미있는 일을 한 친구는 누구야?", "선생님 중 화가 나신 분은 없었어? 왜 화가 나신 거야?" 등 내가 묻지 않으면 듣기 힘든, 그래서 아이들과의 대화를 열 수 있는 세세한 질문들이다. 식사가 다 끝나갈 때쯤이면 아이들이 모두 합창으로 "맛있게 잘 먹었습니다. 감사합니다"를 외치고 자신이 먹은 접시와 포크, 나이프 등은 잘 정리해서 스스로 치운다. 우리는 여전히 이 과정에서 힘겨운 시간을 보내고는 있다. 아이들이 얌전히 앉아서 처음부터 끝까지 식사를 하는 것은 매우 어려운 일이라, 끊임없이 돌아다니거나 밥을 먹다가도 놀이를 하려고 하는 등의 산만한 행동을 한다. 하지만 그래도 괜찮다. 식사 예절을 배우는 것은 시간이 걸리는 일이고, 정말 중요한 것은 우리가 함께 식사를 하고 있다는 것이며, 그 시간에는 모두가 따라야 하는 규칙이 존재한다는 것을 아이들에게 보여주면 되는 것이다.

우리가 저녁 식사를 마치는 6시 30분쯤에는 아이들을 위한 목욕 시간이 시작된다. 아이들은 자신이 입어야 할 옷과 칫솔을 미리 챙겨두는 것이 미션이다. 내가 목욕물을 받으며 준비하는 동안 아이들은 다시 놀이를 하는데 어느 때는 침대에서 아이들과 내가 약간의 몸싸움을 벌이기도 한다. 아이들은 정의로운 기사나 영웅이 되어서 괴물인 나를 침대에서 기다리곤 한다. 아이들은 내가 어떤 괴물인지를 정하고 자신들은 어떤 초능력을 가지고 있는지를 정한다. 나는 이럴 때 테니스공이나 스카프 같은 연극에서 사용할 만한 도구들을 가지고 와서 '불의 공'이라든지 '투명 망토'라고 말하며 아이들 방 앞에서 기다렸다가 '3, 2, 1' 카운트다운을 시작한다. 그런 후 내가 "자, 보이지 않는 투명한 불의 괴물이 들어간다!"라고 외치며 아이들의 침실로 뛰어들면, 아이들은 고무로 된 검을 위풍당당하게 들고서 얼마나 신난 모습으로 나를 기다렸다는 듯이 맞이하는지 모른다. 그러면 나는 또 다시 침대 위에 뛰어 올라가서 아이들과 몇 바퀴를 돌며 마법을 거는 척을 한다. 나의 아내는 가끔 아이들이 자기 전에 너무 심하게 땀을 흘리며 노는 것은 지나치다고 하지만, 나는 아이들이 목욕을 하기 전에 약간의 몸싸움을 하는 것은 상쾌한 일이라고 생각한다. 그리고 목욕은 아이들의 흥분을 가라앉혀주기 때문에 한참 욕조에 몸을 담그고 원하는 만큼 있게 한다. 가끔씩은 버블 비누를 이용해서 거품이 나는 욕조를 만들어 주기도 한다. 우리는 플라스틱으로 된 그릇과 스푼들을 욕실에 두어서 아이들이 놀이를 할 수 있게 하고, 또 내가 아이들을 씻겨주는 게 아니라 아이들끼리 서로 씻겨주거나 머리를 감겨줄 수 있게 둔다. 물론 이때는 아이들의 눈에 비누가 들어가지 않는지를 잘 살펴봐야 하지만, 서로 도와주면서 스스로 목욕을 해 보는 것은 아이들에게도 뿌듯한 일이다. 목욕은 대개 7시 15분쯤 끝이 나고, 양치질을 한 후에는 드디어 기다리던 '이야기 시간'이 시작된다.

만약 이야기를 들려 주지 않고 아이들을 잠자리에 그냥 보낸다면, 아이들은 '벌을 받은 것'과도 같이 생각할 만큼 이 시간은 중요하다. 나는 아이들이 직접 책을 고르게끔 하고, 골라온 책을 읽어준다. 이야기 시간이 끝나면 아이들은 침대 안으로 기어 들어가서 잘 준비를 하는데, 언제나 이야기를 하나 더 들려달라든지, 조금 더 놀고 싶다든지, 아직 졸리지 않다는 말을 한다. 그러면 나의 아내가 아이들이 침대에 누워있을 때 노래를 불러주는데 마치 마법처럼 아이들이 조용해진다. 나는 노래를 잘하지는 못해서, 대신 가끔 즉석에서 이야기를 만들어서 들려준다. 마룻바닥에 베개를 올려놓고는 그냥 흘러가는 대로 이야기를 하면서 즉흥적으로 지어낸다. 해적이나 기사, 카우보이나 공주 등 무엇이든지 캐릭터를 설정하고 이야기를 풀어가는 것이다.

Debbie

북유럽 사람들이 학교에 들어가기 전의 아이들을 얼마나 일찍 잠자리에 들도록 하는지를 보면 정말 깜짝 놀랄 정도이다. 도저히 나의 생활 패턴으로는 따라잡기 힘든 부분이었는데, 그래서 북유럽 사람들의 키가 그렇게 큰 것일까 하는 생각을 하기도 했다. 마치 북유럽 아이들에게 가장 중요한 것은 충분히 잠을 자는 것처럼 보일 만큼 아이들의 하루는 짧다. 아이들이 모두 잠든 후에 부모들은 회사에서 미처 마무리하지 못한 일들을 집에서 더 처리하기도 하고, 자기만의 시간을 보내기도 한다. 그리고 아이들이 어릴 때 길러주어야 하는 습관 중 하나는 바로 식사 예절인데, 이는 어른이 되어서 그리고 글로벌 세계에 나가서까지도 계속 그 사람에 대한 인상을 남기는 일이기 때문에 나도 무척 중요하게 생각하는 부분이다. 식사란 단지 밥을 먹는 것만이 아니라, 그 안에서 신뢰를 형성하는 데에 아주 중요한 역할을 하는 대화를 포함하기 때문에 더욱 그러하다. 북유럽 사람들 역시 이 부분만은 어릴 때부터 엄격하게 가르친다고 북유럽 친구들에게 여러 번 들은 적이 있었다. 음식을 씹을 때 입을 벌리거나 소리를 크게 내는 것, 혹은 지나치게 빠른 속도로 먹는 것, 그릇에 얼굴을 파묻고 먹는 등의 일이 없도록 말이다. 이건 예절이라기보다는 습관에 가까운 것이어서 한 번 잘못 밴 습관은 어른이 되어서도 고치기가 무척 어렵다. 글로벌 사회에서 식사 예절을 제대로 갖추지 못해서 눈살을 찌푸리게 되는 상황을 종종 겪은 뒤로는 나도 아이들에게 그 부분을 더욱 강조하게 되었다. 식사 시간에 하는 대화는 마치 식탁 위의 음식과도 같이 빠져서는 안 되는 일이니 가족들이 함께 식사를 하는 시간은 대화하는 법을 저절로 익히는 시간이기도 하다.

북유럽의 스토리텔링 교육은 워낙 유명한데, 학교 수업 시간에도 말하고, 듣고, 쓰는 교육이 자유롭게 창의적으로 이루어진다고 한다. 학교에서뿐만 아니라 집에서도 아이들의 상상력을 키우는 스토리텔링이 매일 밤 이루어지고, 이 모든 것들은 아이가 어른이 되어서까지 이어지는데 그 때문인지 북유럽 사람들은 언제 어디서든 발표나 협상을 하는 데에 많은 준비가 없어도 척척 해내는 사람들이 많았다. 안데르센이나 이자크 디네센(Isak Dinesen) 등의 유명한 작가를 거론하지 않더라도, 현실에서도 기업의 스토리 구성과 마케팅, 경청과 대화, 정치에 이르기까지 정제된 어휘와 창의적인 표현을 사용하는 '스토리의 디자인'은 계속되는데, 이 또한 그들의 어린 시절과 무관하지 않아 보인다. 북유럽 사람들은 이력서 역시 아름다운 한 편의 단편 소설처럼 스토리 형태로 쓰는 경우가 대부분이고, 어떤 대학과 직장을 나왔는지를 정보성 형태로 쓰는 경우는 보기 드물 정도이다.

책을 소리 내어 읽는 것은 상상력이나 어휘력을 늘려줄 뿐만 아니라 스트레스 감소에 도움이 된다는 연구결과도 있다. 인지 신경심리학자인 영국 서섹스 대학교의 데이빗 루이스(David Lewis) 박사는 소리를 내어 책을 읽은 후 6분이 지나면 스트레스가 68%까지 줄어든다는 연구결과를 발표했는데, 이는 보통 스트레스를 줄이기 위해 우리가 하는 노력들, 예를 들면 음악을 듣거나 티를 마시는 등의 활동보다 훨씬 더 빠른 방법이라고 한다. 게다가 스트레스는 줄지만 인지능력은 더 또렷해져서 알츠하이머병이나 치매를 늦추는 효과 또한 있다고 하니, 자기 전 스토리텔링 시간은 아이들뿐만 아니라 읽어주는 부모에게도 큰 도움이 된다. 또한 오하이오 주립 대학교의 연구결과에 따르면, 역경을 이겨내는 주인공의 이야기를 읽거나 듣는 것은 아이에게 목표를 달성할 수 있게 동기부여를 해주는 가장 좋은 방법이며, 자신과 동일한 상황의 주인공을 스토리 안에서 경험하는 것은 실제 행동으로 옮기게끔 도와준다고 한다. 여기서 더 중요한 것은 주인공과 자신의 관계에서 느끼는 연결감은 읽는 이가 단지 영감을 얻는 데서 그치는 것이 아니라, 비록 그 관계가 현실에 존재하는 것이 아니더라도 공감능력(empathy)을 향상시켜주고 사회적인 유대감을 가질 수 있게 도와준다는 것이다. 주인공과 나 사이의 유대감을 스토리 안에서 형성하는 것은 마치 우리가 실제 현실에서 다른 사람들과 관계를 맺는 것과 비슷한 방법으로 이루어지기 때문이다.

이와 관련해서 하버드 대학교의 연구는 엄마보다는 아빠가 아이들에게 이야기를 들려주는 것이 더 좋다는 사실을 아래와 같이 5가지

로 설명하고 있다.

1. 아빠는 이야기를 또 다른 차원으로 이끈다. 새로운 호기심이나 상상력을 자극하는 질문을 하거나 이야기를 추가하는 것은 아이들의 언어 발달에 큰 도움이 된다.
2. 침대 머리맡에서 읽는 이야기는 우리를 너 나은 현실로 이끈다. 아빠가 집에서 아이들에게 책을 많이 읽어주는 것은 아이들에게 그 활동이 아주 즐겁다는 긍정적인 신호를 보낸다.
3. 특히 남자 아이들은 아빠가 동화를 들려주면 더 큰 효과가 있다. 연구결과에 의하면 아빠와 아들의 유대감을 형성하는 가장 강력한 방법은 자기 전 침대에서 보내는 '이야기 시간'이다.
4. 책은 더 나은 행동을 하는 아이들로 만든다. 아버지 역할 연구소(The Fatherhood Institute)의 연구에 의하면 아버지가 규칙적으로 이야기를 들려주는 아이들이 더 나은 행동과 집중력, 그리고 수학에서 월등한 성적을 보였다.
5. 책을 읽는 동안 일터에서 지친 아빠의 스트레스 또한 낮출 수 있다. 서섹스 대학교의 연구에 따르면 소리 내어 책을 읽는 것이 가장 효과적으로 스트레스를 줄이는 방법이며, 이렇게 하는 사람들이 모두 심장 박동수가 낮아지고 근육이 이완돼서 안정화되는 경험을 했다고 한다.

또한 영국국립독서재단(The National Literacy Trust)이라는 기관에서는 아빠가 밤에 아이들에게 책을 읽어주면 아이들은 지식의 습득 능력과 자신감, 자존감이 높아지고, 아빠와 자녀 간의 관계도 좋아지며, 배움에 있어서의 몰입을 향상시킨다는 연구결과를 발표하기도 했다.

나 또한 매일 밤 아이들이 자기 전에 이야기를 들려주었는데, 아빠가 들려 주었다면 하버드 대학의 연구결과가 말하는 것처럼 더 큰 효과가 있었겠지만, 아쉽게도 나의 현실에서는 어려운 일이었다. 하지만 부모 중 누구라도 사랑이 가득 담긴 목소리로 자기 전에 이야기를 들려주는 것이 어찌 아이들에게 달콤한 정서를 가져다 주지 않을 수 있을까. 가끔은 이야기의 주인공 이름을 나의 아이들로 바꾸기도 하고, 내가 아이들을 사랑한다는 내용으로 마음대로 가사를 바꾼 자장가를 들려주기도 했다. 그러면 아이들은 최고의 안정감과 긍정적인 감정을 가지고 스르르 잠에 들고, 그 시간 동안 나도 사회생활에서 받은 스트레스를 치유하고 잠에 들 수 있었다.

아이를 어른처럼 대하기

Markus

어떤 부모도 항상 아이들 옆에서 함께 시간을 보낼 수는 없을 것이다. 나 역시 '아빠'라는 직업 외에도 '기자'라는 직업을 갖고 있는 직장인이기에 늘 처리해야 하는 일과 활동들로 바쁜 편이다. 하지만 아이들이 언제든지 내게 달려올 수 있도록 늘 그곳에 함께 있어주려고 최대한 노력한다. 아이들에게 질문을 하고, 또 그들이 말하는 것에 귀를 기울인다. 아무도 하루 종일 매 순간 그렇게 할 수 있는 사람은 없고, 아이들도 하루 종일 엄마, 아빠를 필요로 하는 것은 아니다. 나는 최소한 하루에 30분은 다른 어떤 것에도 신경을 분산시키지 않고 오롯이 아이들에게만 집중하는 시간을 가지려고 한다. 그리고 그 시간만큼은 내가 그들의 말과 생각에 진심으로 관심을 가지고 있다는 것을 충분히 보여주려고 노력한다.

만약 너무 피곤해서 아이들과 놀이를 할 수 있는 기분이 아니라면, 나는 솔직하게 그 상황을 아이들에게 말한다. 아이들은 똑똑해서 내가 마음을 담아서 어떤 일을 하지 않으면 그것을 금방 알아차리기 때문에, 거짓으로 아이의 말을 듣는 척 하는 것보다는 아이에게 솔직하게 말하는 것이 훨씬 낫다. 즉, 아이들과 놀이나 게임을 하는 척하면서 힘을 빼는 것보다는 그냥 바닥에 누워서 아이들이 당신을 타고 오르락내리락하며 시간을 보내도록 하는 것이 낫다는 말이다. 아이들은 당신과 깊이 연결되어있다는 느낌을 받지 못하면 금방 알아채고, 자신들이 혹시 뭔가 혼날 일을 한 건 아닌지 눈치를 보게 된다. 만약 누군가 나에게 묻는다면, 아이들에게 깊은 관심을 보여주는 것(being attentive)이 활발하게 활동을 하는 것(being active)보다 더 중요하다고 말할 것이다.

나는 아이들과 장난을 치고 즉흥적인 이야기를 만들어내는 것을 좋아하지만, 그보다도 아이들이 상상력을 사용할 수 있게 북돋워주는 것을 가장 좋아한다. 그리고 진짜 어른의 세계에서 일어나는 일에서 아이들을 너무 지나치게 보호하지 않으려고 한다. 이것 또한 전형적인 스칸디대디의 모습이다. 많은 덴마크의 부모들은 너무나 지나치게 장밋빛 이야기가 길게 전개되는 책이나, 너무 귀엽고 현실적이지 않은 어린이 프로그램을 보여주는 것을 그리 선호하지 않는다.

북유럽의 국가에서는 아이들과도 심각한 세상의 일들에 대해 진지하게 이야기한다. 내가 한국에 온 후, 다양한 나라에서 온 부모들과 교류하며 이 부분에 대한 차이를 더욱 생생하게 느꼈다. 나의 아들이 4살이 되자, 아이는 그 나이 또래 아이들이 할 수 있는 수많은 질문을 쏟아내기 시작했다. 가끔은 뭐라고 대답을 해야 할지 어렵기도 하지만, 나는 최대한 사실대로 아이에게 이야기 해주려고 한다. 무엇보다 아이들에게 감추지 않고 진실을 말해주는 것이 중요하기 때문에, 나는 아주 작은 것이라도 거짓말을 하고 싶지는 않다. 비가 오는 날, 너의 예쁜 신발은 신발장에서 잠을 자고 있어서 오늘은 신을 수 없다고 말하기보다는 그냥 비가 오니 예쁜 신발을 신으면 분명히 신발을 못쓰게 만들 수 있으니 오늘은 신지 않는 게 좋다고 솔직히 말하는 거다. 그러면 아마 아이들은 울기 시작할 테고, 떼를 쓰며 보채는 상황이 벌어지겠지만, 작은 거짓말을 계속 하다 보면 거짓말의 거미줄에 갇혀서 상황을 더 복잡하게 만들 수 있다. 그러면 결국 아이들에게 신뢰를 잃는 결과를 낳는다. 살다 보면 상황을 모면하기 위해 어찔 수 없이 하얀 거짓말을 해야 할 때가 생기기도 하고, 또 이 세상에서 일어나는 모든 일들에 대한 진실을 아이들이 알 필요는 없다고 생각하기도 하지만, 그래도 나는 너무 지름길로 가려는 생각은 하지 않는다.

삶에서 일어나는 심각한 일들, 예를 들어 죽음이라든가 전쟁, 심각한 병 등을 주제로 아이들과 이야기하는 것은 대단히 어려운 일이다. 그러나 나는 이것이야말로 북유럽의 육아법이 다른 나라들과 차별화되는 부분이라고 생각한다. 내가 아는 많은 스칸디나비아인들은 자신의 아이들과 비밀 없이 이런 삶의 심각한 사안들에 대해서도 함께 이야기하고, 아이들의 어떠한 질문도 가치 있게 받아들여 대답할 수 있는 것에 큰 자부심을 느낀다. 많은 덴마크의 유아 서적이나 TV 프로그램들이 이 사실을 증명해준다. 외국인들이 보기에는 지나치게 솔직하고, 때로는 아주 이상하게 느껴진다고도 하는데, 덴마크의 유아용 책들은 죽음, 이혼, 학교 폭력, 무시무시한 괴물 등을 여과 없이 다룬다. 유아용 TV 프로그램도 마찬가지이다. 한국이나 미국, 아니 그 어떤 나라와 비교해도 훨씬 심각하다. 덴마크의 TV 프로그램 중에는 '새우 아저씨(Onkel Reje)'라는 프로그램이 있다. 이 새우 아저씨는 코를 후비면서 여왕을 조롱하고 모닥불에 자신의 방귀를 내보내서 불을 붙인다. 아이들은 새우 아저씨가 장난스럽게 하는 농담들이 자신들이 하는 것과 비슷하다는 것을 알고 있다. 다른 덴마크 TV 프로그램의 캐릭터들처럼 새우 아저씨는 약간 뚱뚱하고, 비현실적인 모델 같은 몸매와는 전혀 거리가 멀다. TV에 나오는 사람도 현실 속 일반 사람들과 다를 바 없이 비슷하게 생겼으며, 현실 속에서 나누는 이야기들을 나누고 보통 사람들이 자신의 아이들과 할 것 같은 장난을 친다. 또한 TV 프로그램에 많은 음악이나 특수효과를 집어넣지도 않는다. 진행 속도도 다른 나라의 유아 프로그램보다 훨씬 느리고, 대단한 도덕적인 교훈을 넣으려고 하지도 않는다. 대신 주인공은 실수투성이고, 누가 보기에도 옳지 않은 결정을 내리기도 한다. 또 다른 유명한 캐릭터들도 아이들이 자연스럽게 느끼는 질투와 이기심이 가득한 행동을 한다. 이렇게 책이나 TV 프로그램들은 가끔 부모들에게 아이들과 다루기 힘든 삶의 이슈에 대해 대화를 할 기회를 던져주고, 그런 문제들에 대해서도 그리 두려워할 것이 없다는 것을 보여준다. 그러면 아이들은 부정적인 정서도 가질 수 있다는 것을 배우게 되고, 언제든지 그 정서도 잘 다룰 수 있는 방법이 있다는 것을 알게 된다. 죽음이나 질병 같은 것 역시 사랑이나 우정처럼 삶의 한 부분이다. 그렇기 때문에 아주 어린 나이부터 그것과 어떻게 함께 살아갈 것인지를 배워야 하는 것이다.

성(性)과 관련된 주제는 특별히 좀 까다로운데, 나는 여느 덴마크 부모들과는 다르게 아들이 질문할 때 너무 깊게 설명하려고 하지는 않는다. 물론 머지 않아 더 많은 질문을 해온다면 더 자세한 설명을 해줘야 하는 날이 오겠지만, 지금은 우선 엄마와 아빠가 사랑을 하면 9개월 후에 아기가 태어난다는 정도만 알려주고 있다. 덴마크에서는 초등학교 1학년이 되면 성교육을 받기 때문에 부모들이 크게 걱정할 필요는 없다. 부모가 설명해주지 않는다면 선생님이 설명해줄 것이다.

이런 면에서 보면 덴마크의 부모들은 1960년대 히피들의 생각을 조금 닮은 구석이 있다. 이 세상 모든 주제는 '자연스러운 것'이며 결코 '어리석은 질문'이란 존재하지 않는다는 점 말이다. 나는 내 자신이 히피라고는 절대 생각하지 않지만, 덴마크에서 어린 시절을 보내고 자라온 나는 많은 것들을 구조화하고 매일의 일상에서 중요한 의식을 만들려고 한다. 하지만 아이들이 이해하기 어려운 많은 규칙이나 비밀은 만들지 않으려는 노력 또한 기울이고 있다. 무엇보다도 나는 아이들이 내 주변에서 안전함을 느끼는 것처럼 세상에 나가서도 안정감과 자신감을 갖고 살아갈 수 있게 되기를 바란다. 스칸디대디로서 나는, 아이들이 아이들답게 지내고 그들 자신의 언어로 세계를 탐험하게 하고 싶다. 그래서 아이에게 세상에는 무섭고 두려운 것도 있다는 사실을 지나치게 감추며 아이를 울타리 안에만 있게 하지는 않으려고 한다. 세상에는 그런 것들이 존재하지만 충분히 극복할 방법 또한 존재하며, 언제든지 이야기하고 의논할 수 있는 아빠가 곁에 있다는 사실 또한 끊임없이 알려줄 것이다.

처음 한국에 왔을 때, 나는 한국 역사와 한국 전쟁 등에 관한 책을 엄청 많이 읽었다. 3살짜리 나의 아이는 탱크가 그려진 책을 보더니 그게 무엇이냐고 질문했다. 나는 한국 전쟁과 일반적인 전쟁에 대해 설명해주었는데, 아이는 때때로 더 많은 주제에 대해 궁금해하곤 했다. 나는 아이에게 이제는 전쟁이 예전만큼 많이 일어나지 않는다고 말해주었고, 아이는 이제 더 이상 두려워하지 않는다. 가끔은 아이와 이런 주제로 대화를 하는 것도 아이들을 너무 연약하게 만들지 않는 데 도움이 되고, 아이는 부모가 뭔가를 숨기려 한다는 느낌을 받지 않기 때문에 안정감을 느낀다. 물론 이런 주제에 관한 대화를 할 때는 아이들이 너무 무서움을 느끼지 않게 주의를 기울여야 하지만, 세상에서 일어나는 나쁜 일들이 단지 삶의 한 단계일 뿐이며 언제든지 세상의 모든 문제는 풀어나갈 방법이 있다는 사실을 알려주어야 한다.

이건 아이들이 어떤 비이성적인 것들에 대해 걱정하거나 두려움을 느낄 때에도 동일하게 적용된다. 대부분의 아이들은 어릴 때 세상의 많은 것들에 대해 무서워하고 두려워한다. 나의 첫째 아들은 극심한 고소공포증이 있어서 롯데월드몰처럼 높은 빌딩에서 엘리베이터를 타는 일이나 1층보다 더 높은 곳에 올라서는 일을 아주 싫어한다. 내가 아이의 이런 불안에 대한 치료법을 알고 있는 것은 아니지만, 이것에 대해 아이와 대화를 나누며 해결해보려고 한다. 부모들이 아이의 이런 문제를 대하는 방법은 각기 다를 것이다. 여러 다른 나라에서 온 부모들이 아이들의 문제를 대하는 모습을 보면서 나는 내가 그들과는 조금 다른 문화에서 자랐다는 사실을 깨닫곤 한다. 나는 그 어떤 것도 터부시하지 않고 다양한 감정에 대해 솔직하게 열린 마음으로 대화하는 문화에서 자랐기 때문에 나의 아이들에게도 똑같이 그렇게 하려고 한다. 물론 이 방법이 두려움이나 불안을 극복하는 최고의 방법은 아닐 것이다. 가끔은 덴마크 부모들이 너무 지나치게 솔직한 접근을 한다는 느낌을 받을 때도 있다. 왜냐하면 부모의 불안정한 상태를 아이들에게 솔직하게 드러내면 아이들은 오히려 더 불안정한 느낌을 받기도 하기 때문이다. 이때는 차라리 다른 나라들의 접근 방식이 더 낫다고 생각한다. 하지만 아이가 안전하다는 느낌을 받을 수 있게끔 적당한 선에서 정직하고 열린 대화를 한다면 대부분 도움이 된다. 아이와 어려운 주제에 대해 마음을 열고 자신의 감정을 솔직하게 나누는 것은, 아이들 또한 다른 사람이 어떻게 느끼는지를 읽고 이를 받아들이는 방법을 배우기 때문에 괜찮은 일이라고 생각한다. 그리고 무서움이나 불안정함과 같은 부정적인 정서는 꼭 정체되어 있는 것도 아니라서, 얼마든지 긍정적으로 변화시킬 수 있는 길이 있다는 것을 아이들이 또한 배울 수 있기를 바란다. 나의 아들이 에스컬레이터에 올라 레일을 붙잡고 무릎을 구부리며 무섭고 불안하다는 온갖 신호를 보낼 때, 나는 최대한 긴장을 푼 자세로 아이에게 무서울 수 있다고, 충분히 그럴 수 있다고 말한다. 그리고 가끔은 아이의 발을 톡톡 치면서 "자 봐, 지금 너의 발은 땅에 붙어 있잖니. 너는 네가 어디로 갈지를 결정할 수 있는 힘이 있어!"라고 말해준다. 그리고 에스컬레이터가 그리 위험한 것은 아닌데, 우리의 몸은 위험한 상황이 되거나 높이 올라가면 스스로 안전을 지키기 위해 반응을 하게 되어 있어서 그런 것뿐이라고 설명해준다. 그건 정말 훌륭한 본능이고, 만약 위험에 처해도 우리의 몸이 반응하지 않는다면 훨씬 더 위험한 상황을 초래할 수 있다고도 이야기해준다. 그리고 그 무서움은 영원한 감정이 아니라 아직 에스컬레이터에 타는 것이 익숙하지 않기 때문에 느끼는 일시적인 감정이라고도 설명한다. 아이가 계속 에스컬레이터에 타는 시도를 하고 연습을 한다면 불안감은 점점 줄어들게 될 거고 결국 완전히 없어지게 될 거라고 믿는다.

Debbie

아이를 어른처럼 대하는 것은 『북유럽의 아동기와 유아교육』에서도 언급하고 있듯 사회적 지지를 얻는 북유럽의 사고방식이다. 북유럽 사람들은 아동과 성인이 여러 면에서 동등하다고 생각하며, 아이들이 어른들의 지나친 통제나 감독에서 벗어나야 한다고 생각하기 때문이다. 이 책에서는 북유럽 사람들의 이런 시각이 아이들의 심리적 공간과 개방성을 넓혀주고 자신의 관점과 자기 결정권을 존중하도록 도와준다고 설명한다.

가정마다 상황은 모두 다르지만 부모들이 가지는 비슷한 공통점이 있다면 머릿속이 늘 여러 복잡한 일들로 가득하다는 점일 것이다. 나 또한 그런 편이어서 아이들과의 시간에 온전히 집중하기가 쉽지 않다. 아이가 이야기를 하고 있는데도 가끔은 해야 하는 다른 일에 대한 생각으로 아이가 무슨 말을 했는지 놓치는 경우도 생긴다. 그러면 아이는 나에게 이렇게 말하면서 슬쩍 야단을 친다. "엄마, 제 눈을 맞추고 들어주세요! 그게 가장 중요한 거 아시잖아요"라고 말이다. 딴 생각을 하느라 대화하는 도중에 아마도 아이의 눈을 제대로 쳐다보지 않았던 모양이다. 사실 이런 일이 한 번만 있는 게 아니라 종종 있다. 어른들의 세상살이가 얼마나 복잡한지 설명해줄 수도 없고 변명할 수도 없어서, 나는 다시 정신을 차리고 아이를 바라본다. 어쩌면 마쿠스처럼 솔직히 엄마는 지금 좀 피곤하고 머리가 복잡하다고 말하는 것이 나을 수도 있다는 생각을 하게 된다. 대신 그런 상황이 아니라면 언제나 아이에게 최고의 관심을 기울이고 있다는 사실을 아이가 느낄 수 있도록 노력하는 편이다.

아이를 어른처럼 대한다는 뜻은 아이에 대한 '존중'의 정서가 깊게 깔려있는 부모의 태도를 말하는 것이다. 아이는 나의 소유도 아니고, 내가 생산해낸 제품도 아닌, 유일한 가치를 가지고 이 땅에 태어난 고귀한 인간이기에 부모라고 해서 함부로 대할 수 있는 존재가 아니라는 그 단단한 인식과 생각 말이다. 북유럽의 동화책, 심지어 안데르센의 동화책도 원본을 보면 디즈니에서 그려낸 것처럼 밝고 화사한 것보다는 어두운 북유럽의 날씨만큼이나 동화책같이 보이지 않는 것들도 많다. 그런데 어쩌면 어릴 때부터 삶에 존재하는 희로애락, 생로병사를 아이들과 허심탄회하게 이야기하고 그 감정을 다양하게 느끼게끔 하는 것이 이 나라들의 특징이 아닌가 싶다. 몸을 쓰는 바깥 활동들을 통해서 아이가 다양한 감정을 느끼게 되는 것과 마찬가지로, 그것을 경험해본 뒤에는 부정적인 정서를 극복할 수 있는 방법, 삶에서 피할 수 없이 일어나는 많은 감정들을 자연스럽게 받아들이고 조절하는 법을 배우게 된다. 결국 아이는 훨씬 더 감정적이지 않은 방법으로 상황을 대처하는 사람이 될 수 있다. 살아가면서 깨닫게 되는 것 중 하나는 자신의 감정을 잘 조절할 수 있는 사람이 되는 것이 성숙한 사람이 되어가는 징표라는 점이다. 생각나는 대로, 화나는 대로 말을 내뱉는 것이 아니라 한 번 더 생각하고 조절할 줄 아는 사람 말이다. 어떤 상황에서도 감정적으로 대처하지 않고 이성적이고 차분한 방식으로 문제를 해결하는 북유럽 사람들을 오래 지켜보면서 — 어떤 사람들은 로봇 같다는 표현을 하기도 하고, 너무 차갑다는 표현을 하기도 하는데 — 나는 그 방법이 오히려 지나친 혼란이나 싸움을 일으키지 않으면서 서로 존중하는 방식으로, 시간이 오래 걸리더라도 천천히 상황을 풀어갈 수 있는 좋은 방법이라는 것을 배웠다. 그리고 분노와 감정을 잘 조절하는 법을 어릴 때부터 배운다면 상황은 더 나아진다. 대개 범죄는 분노에서 기인하게 되는데, 북유럽은 상대적으로 사회에 대한 분노가 낮기 때문에 범죄율이 낮은지도 모른다.

인생은 생로병사(生老病死)로 이루어져 있다고 하는데, 생명이 주어지는 첫 번째 생(生)은 기쁜 일이지만 나머지 노(老), 병(病), 사(死)는 사실 모두 슬픈 일에 속한다. 적어도 그 피할 수 없는 슬픔 위에 인간이 부가적으로 서로에게 만들어내는 상처와 스트레스는 최대한 줄이는 것이 현명하지 않을까. 그 방법 중 하나가 휘게이다. 북유럽 사람들이 아이들과도 세상의 어려운 문제들을 숨기지 않고 이야기하는 것을 보면 이들은 매우 현실적이고 실용적인 사람들이라는 생각을 하게 된다. 밖에서 볼 때는 지나치게 이상적인 생각을 하는 사람들, 혹은 그런 세상을 구축한 사람들처럼 보이지만 실제로 만나면 오히려 현실주의자들이라는 생각이 들지도 모른다. 그 안에 비교적 이상적인 생각이 잘 안착되어 있을 뿐이다.

북유럽의 양육법 중 내가 배운 또 하나는 아이들에게 많은 격려와 지지를 보내는 것이다. 나의 둘째 아들은 앞서 말했듯이 원인을 알 수 없이 밤에 자주 깨는 일이 많아서 직장 생활은 더 힘이 들었고, 그와 더불어 아이는 자신의 의사를 표현하는 언어능력이 너무나 더디게 발달돼서 마음 고생을 했었다. 아들은 자기가 원하는 것을 말로 제대로 표현하지 못하니 무조건 우는 일이 다반사였고, 우리는 소통을 할 수 없어서 힘이 들었다. 다른 아이들이 문장으로 말하고 노래를 부를 때도 이 아이는 단 한마디도 하지 않고 있었는데, 1년이 가도 목소리를 한 번도 듣지 못했다는 선생님들의 이야기도 들려왔다. 누군가의 앞에 서는 것은 끔찍이도 두려워해서 발표를 위해 앞에 나가는 것이 아니라 단지 생일을 맞아 축하를 받으러 앞에 나가는 것인데도 아이는 나가지를 못하고 울어댔다. 당시 아이는 지나치게 자신감이 없었고 세상과 소통하는 것을 거부하고 있었다. 혹시 자폐증과 같은 것은 아닐까 하는 마음에 점점 다급해지기 시작한 나는 여기저기 아동발달센터를 알아보기 시작했는데, 알아보는 곳마다 바쁘게 일하는 엄마가 할 수 있는 치료가 아니라는 것을 절감했다. 그렇게 아이를 치료하려면 내가 일을 그만두어야 할 것 같았다. 그러다가 한 미술치료 교수님을 만나서 아이의 그림을 분석해보기로 했다. 아무런 주제도 주지 않고 마음껏 그림을 그려보라고 하니 아이는 동물들을 그리기 시작했다. 독수리, 사자, 호랑이, 상어, 고래…. 신기하게도 이 소심한 아이가 그리는 동물은 하나같이 그 세계의 강한 리더들이었다. 그 옆 도화지에 또 그림을 그리라고 하니 이번엔 우주를 그리기 시작했다. 화성, 금성, 목성, 태양과 별, 은하수, 블랙홀 등을 말이다. 아이가 그린 그림을 보고 미술치료 선생님께서 말씀하셨다.

"미술치료의 세계에서 세상은 기본적으로 어두움이라고 보거든요. 온갖 좋지 않은 것들이 많잖아요. 독하고, 오염되고, 거친 언어들이 난무하고, 서로를 해하면서라도 자기가 잘 되려는 세상 말이에요. 그런데 이 아이는 너무 깨끗해요. 순수하고, 맑고, 투명하죠. 세상과 어울리지 못하는 존재인 거예요. 그러니까 세상과 소통하고 싶지 않은 거죠. 말하고 싶지 않은 거예요. 그런데 이 아이 안에는 우주가 들어있네요. 상상을 초월하는 크기의 세계가 들어있어요. 그리고 엄청난 리더십이 숨겨져 있네요. 동물들 중에서 가장 힘이 세고 모두를 이끄는 동물들만 그렸잖아요."

그날 이후 나는 모든 걱정을 접고 아이의 잠재력을 믿기로 했다. 모두가 이 아이의 능력과 자신감이 평균 수준에 미치지 못한다고 나에게 스테레오처럼 말하던 시기였지만 듣지 않기로 했다. 선생님의 말씀이 그냥 나와 아이를 위로하기 위한 것이었는지 아니면 진짜 진실이었는지 알 수 없었지만, 나는 아이의 그림 안에 숨겨진 가능성을 믿기로 했다. 그리고 매일 같이 응원과 사랑의 메시지를 연극배우만큼이나 큰 몸짓으로 보내기 시작했다. 그것이 어려서부터 아이들에게 자존감과 자신감을 만들어내는 요인이기에 나는 그것을 실천해보기로 한 것이다. 매일 저녁 휘게의 시간이 한몫을 했고, 이불을 덮고 누워 하는 대화들이 큰 몫을 했다. 어떤 일이 있어도 사랑 받고 있다는 안정감, 무엇이든지 연습하면 할 수 있다는 자신감, 우리는 모두 의미 있는 목적을 지니고 이 땅에 태어났다는 자존감이 서서히 건축물처럼 아이에게 쌓여가기 시작했다. 아이를 칭찬하고 격려할 때는 꼭 아이가 노력한 것이나 노력하려고 하는 것에 대해서 하고, 그때 나는 아이에게 살짝 더 과장되고 들뜬 목소리로 말했다. 그러면 칭찬하는 사람도, 칭찬받는 사람도 그 순간 행복감을 맛보게 되니까 말이다. 우리에게는 노력하지 않아도 주어지는 것들이 있는데, 어떤 아이들은 보통 사람들보다 뛰어난 머리를 갖고 태어나기도 하고, 어떤 아이들은 한눈에 보기에도 잘생기고 예쁜 외모로 태어나기도 한다. 그러나 그건 그들이 선택한 것도, 노력한 것도 아니라서 꼭 칭찬받을 항목에 들지는 않는다. 마찬가지로 키가 작다거나 피부가 까맣다거나 한 것도 자신들의 선택이 아니다. 그래서 그런 것으로 놀리거나 평가하는 것도 옳은 일은 아니다. 북유럽 사람들에게서 놀라는 점 하나는 그들은 보이는 것으로 사람을 잘 평가하지 않는다는 사실이다. 아무리 누군가가 예쁘다고 생각해도 '예쁘다'라는 말을 잘 하지 않는다고 한다. 왜냐하면 그건 그냥 주어진 것이기 때문이다. 물론 사람의 모습은 그 사람의 미소나 행동, 생각이나 말이 모두 포함되기도 하니 그런 노력에 대한 결과물을 칭찬할 수는 있겠지만 말이다. 그래서 나는 키가 작지만 그런 것으로 평가 받는다는 느낌을 별로 받아본 적이 없었다. 보통 190cm 언저리의 서양 남자들과 늘 함께 일을 했지만 내가 작다고 느껴본 적조차 없었다. 나는 작은 사람이고 싶었던 적이 없었고, 그것을 선택할 권리도 주어진 적이 없었으므로 그들도, 나도 그런 것에 개의치 않는 것이다. 자신이 노력한 것에 대해 인정해주고, 칭찬해주고, 더 노력하려는 부분에 대해 격려해주는 것이 머리가 좋다든가 얼굴이 잘생겼다라는 이유로 칭찬을 하는 것보다 훨씬 더 아이들의 동기를 강화시키는 효과를 가져온다. 이는 연구결과로도 이미 잘 알려진 사실이다. 나는 아이들에게 종종 이렇게 말하곤 한다. 노력하지 않았지만 태어나면서부터 자신에게 주어진 좋은 특징이나 배경이 있다면 감사한 마음을 가지면 되고, 뛰어난 능력을 발휘하는 영역이 있다면 그저 '세상에 내가 공헌해야 할 부분이 있구나'라고 생각하면 된다고 말이다. 그것은 우월감이나 특권의식을 가지라고 주어지는 것이 결코 아니기 때문이다. 반면 아이가 노력하고 극복해서 이루어내는 것이 있다면 그것은 마음껏 아낌없이 칭찬해준다. 그렇게 수많은 격려와 인정의 시간이 축적된 지금, 나의 아들은 누구보다도 건강한 마음을 가진 아이로, 언제 말을 못하던 아이였는지 기억이 나지 않게 수다쟁이가 되어 매일 한 뼘씩 더 자라고 있다.

격려와 지지 속에서 자라는 북유럽의 아이들이, 덴마크의 아이들이 꼭 행복하기만 할까. 물론 그들에게도 많은 문제들이 존재하는데 마쿠스와 대화를 하는 도중 그가 나에게 이런 질문을 했다.

"요즘 들어 점점 이혼에 대한 고민을 털어놓는 친구들이 하나둘 늘어나고 있어. 이제 내 나이쯤이 되면 그런 시기가 된 걸까? 데비, 어떻게 생각해?"

덴마크 사람들은 일단 자기 자신이 행복한 것이 최우선이고, 부모가 행복하지 않다면 아이들도 행복할 수 없다고 생각하기 때문에, 이혼과 같은 일은 더 쉽게 일어날 수 있다. 그 과정에서 아이들이 받는 상처와 아픔, 그것은 또 어떻게 다루어야 하는지는 모두에게 숙제 같은 일이다. 덴마크에서도 역시 많은 가정이 깨지기도 하고 아이들 또한 그 과정을 겪으며 스트레스를 받기도 한다. 자신이 선택하지 않았으나 나에게 일어나는 슬픈 일, 아픈 일들을 잘 극복하고 살아가는 방법을 터득하는 것밖에 그곳도 도리는 없어 보인다. 인생은 결코 늘 장밋빛일 수는 없지만 그래도 이겨나가야 한다고, 아이도 어른처럼 대하면서 말이다.

'타임 아웃'이 아닌 '타임 인'으로 교육하기

Markus

어느 부모나 자신의 아이들에게 화가 나는 때가 있다. 나 또한 나의 아이들에게 그럴 때가 있다. 아이들에게 소리치고 싶거나 붙잡고 화를 내고 싶은 느낌이 치솟을 때, 나는 내면의 평화를 찾고 그 감정을 가라앉히려고 호흡을 가다듬는다. 아이에게 소리를 지르는 것은 아이를 물리적으로 때리는 것과 똑같이 아이에게 해롭다는 이야기를 심리학자에게 들은 적이 있는데, 이건 나에게 아주 큰 영향을 끼친 한마디였다. 그리고 내가 소리를 치면 아이들이 어떻게 반응하는지를 나 또한 몸소 체험하는데, 그런 일이 생길 때마다 아이들은 주춤하며 뒷걸음질을 치고, 아빠에 대해서 안전한 느낌을 덜 받는다는 신호를 보낸다. 아이들이 자랄수록 아빠로서 신뢰를 회복하는 일은 시간이 더 오래 걸리기 때문에 나는 이런 일이 생기는 것을 정말 원치 않는다.

최근에는 아이들이 내가 싫어할 만한 뭔가를 해서 내가 소리치고 싶은 마음이 들면, 일단 내 자신부터 진정시키고 속으로 셋을 센다. 본능을 따라서 생각 없이 바로 행동하는 것보다 어떻게 반응하고 싶은

지 생각하는 시간을 몇 초라도 갖는 것은 내가 원래 의도했던 대로 행동할 수 있게 도와준다. 어느 정도 나이가 되면, 아이들은 누구나 자신이 잘못한 일이 있다는 것을 인지하게 된다. 지금 5살과 3살인 나의 아이들은 이제 기본적인 규칙쯤은 모두 알고 있다. 이미 내가 아이들을 거머쥐고 소리를 지르는 것이 전혀 도움이 되지 않는 나이가 되어버린 것이다. 그렇게 하는 것은 오히려 나에 대한 신뢰를 떨어뜨리고 아이들이 나의 뒤에 쭈뼛거리며 숨는 결과를 낳을지도 모른다. 부모가 소리를 많이 지르는 것을 경험한 아이들은 결국 많은 상처를 받을 수밖에 없고 어른이 되었을 때 불안과 우울장애를 겪을 가능성이 높아진다.

아이들이 결코 해서는 안 되는 일을 할 때, 이를테면 식탁 위를 뛰어다니든지 신발을 던지든지 할 때 내가 반응하는 방법은 대체로 이렇다. 일단 무릎을 꿇어서 아이와 눈높이를 맞춘 후 아이의 눈을 바라본다. 이런 경우가 발생했을 때 아이의 눈을 바라보는 것은 정말 중요한 일이다. 그게 단 몇 초만이어도 아주 큰 효과가 있다. 그리고 나서 아이들이 방금 한 일은 절대 해서는 안 되는 일이며 왜 그런지에 대한 설명을 차근차근히 한다. "식탁은 기어 다니는 용도로 쓰는 물건이 아니란다. 그렇게 하다가 떨어질 수도 있고, 위에 있던 물건을 밟을 수도 있어서 위험하거든" 혹은 "신발을 던지는 건 좋지 않아. 왜냐하면 신발은 더러운 데다가 던져서 누군가 맞기라도 한다면 분명히 다치기 때문이야"라고 말이다.

이건 북유럽에서 아이를 훈육하는 아주 전형적인 방법이다. 대부분의 북유럽 부모들은 아이들에게 왜 그래서는 안 되는지를 설명하고, 그러면서 계속 아이들의 눈동자를 바라보며 몰입한다. 이렇게 차분하게 설명해도 아이들이 그 행동을 멈추지 않고 계속하면 아이들을 불러서 방에 들어가게끔 한다. 아이들이 노느라 너무 지쳤거나 해서는 안 되는 행동을 하기 시작하면 놀이를 멈추고 방으로 들어가게 해야 하는 경우가 종종 있다. 이런 일들은 어린 아이들을 키우면서 피하기 어려운 일이지만 여기서 중요한 것은 이성적이고 합리적인 태도로 아이들을 대하는 것이다. 이때도 역시 아이들의 눈을 바라보고 차분하고 조용한 태도로 해서는 안 되는 일과 그 이유를 천천히 설명해야 한다. 이는 아이들이 다음에 더 올바른 결정을 하도록 하며, 여전히 당신이 그들을 존중하고 신뢰하고 있음을 보여줄 수 있다. 이런 대화를 할 때 아이들은 괜히 가여운 얼굴을 만들기도 하고, 딴짓을 하면서 기분이 상한 표시를 하기도 하지만, 아이들이 보여주지 않을 뿐 그들은 아빠가 말하는 것을 듣고 있다. 그리고 이런 상황에서 차분한 태도로 아이들을 대하는 것은 나중에 아이가 어른이 되어서 갈등의 상황에 부딪쳤을 때 똑같이 그런 태도로 대화하고 해결할 수 있게 하는 본보기가 된다. 아이는 부모의 모습을 통해 자신이 나중에 어떻게 행동해야 하는지를 저절로 배우는 것이다.

나의 덴마크 친구 중 한 명은 아이들이 잘못된 행동을 할 때면 항상 '타임 아웃(time-out)'보다는 '타임 인(time-in)'의 시간을 주려고 노력한다는 이야기를 한 적이 있다. 이 말은 북유럽식의 접근법을 잘 요약해서 보여주는 것이라는 생각이 든다. 아이들이 잘못을 하면 방에 들여보내거나 의자에 앉아서 혼자 반성하는 시간을 주고 싶지만, 그건 아이에게 훈육보다는 시련을 주는 것과 같이 느껴질 수 있다. 아이는 격리되는 듯한 느낌을 받고 차가운 얼음 위에 앉아서 어둡고 비참한 시간을 보내고 있다는 사실만 느끼게 되는 것이다. 나의 친구는 나머지 가족들과 떨어져 있다는 것도 아이에게 잘못된 메시지를 전달할 가능성이 크다고 말한다. 그렇게 하는 것은 아이에게 어떤 문제나 나쁜 행동을 해결하는 올바른 방법은 그냥 무시하거나 혹은 자기 자신을 그 문제에서 격리시켜서 어두운 시간을 보내는 것이라고 알려주는 것과 같은데, 이는 실제 현실 세계에서는 결코 성공적인 전략이 아니다. 아이를 격리시키는 방법이 아니라 아이와 대화를 시작하고 대화를 통해서 문제를 해결하는 방법은 아이가 어떠한 잘못을 했다고 할지라도 여전히 사랑 받고 있다는 느낌을 받을 수 있게 한다. 즉 요약하면 '타임 아웃'은 아이를 격리시키거나 최후통첩을 주는 방법으로 훈육하는 것을 말하고, '타임 인'이란 아이에게 여전히 공동체 안에 속해있다는 느낌을 주고 보듬으면서, 이성적으로 설명하지만 따뜻한 느낌을 주는 대화를 통해 훈육하는 것을 말한다. 나의 친구는 이런 '타임 인' 방법이 늘 맞는 건 아니지만 그래도 아이와 계속 연결감을 가지려고 노력하는 것은 언제나 가치가 있다고 말했다. 그리고 무엇보다 아이에게 문제 상황을 대처하는 가장 최선의 방법은 그 문제를 직시하고 얼굴을 맞댄 채 해결해가는 것이라는 것을 보여줄 수 있기 때문이다. 어떤 부모들은 이런 방법이 너무 극단적이라고 생각할지 모르지만 이러한 시도의 본질이 바로 전형적인 스칸디대디의 접근 방법이다. 아이를 훈계하려고 하기보다 아이와 대화를 하려고 노력하고, 비록 아이가 잘못을 저지른 순간에도 아이의 감정이 중요하다고 여기며 부모는 언제나 그들이 느끼는 감정을 존중한다는 사실을 간접적으로 전달하려고 한다. 당신이 아이를 존중한다면 아이도 당신을 존중할 가능성이 커진다는 것은 두말할 나위 없는 것이다. 이렇게 하는 것이 결코 쉽지는 않지만 장기적인 관점에서 본다면 상황을 훨씬 좋게 만드는 방법이다. 아이를 아빠, 엄마와 토론하고 협상할 줄 아는 아이로 키우면서도, 결코 자신의 감정을 속이거나 드러내지 못하는 두려움이 많은 아이로는 키우지 않는 것이며, 아이는 부모를 두려워하기보다는 신뢰하는 사람으로 자라게 될 것이다.

나도 아이들이 잘못된 행동을 할 때는 '타임 인' 방법을 쓰려고 한다. 그런 행동을 할 때면 나는 아이들에게 아빠가 왜 이 일을 용납할 수 없는지에 대해 곧바로 이야기하는데, 생각해 보면 아이들이 그런 행동을 하는 데에는 나름대로의 이유가 있다. 이를테면 막내 아들이 장난감을 던지거나 유리잔에 담긴 우유를 일부러 온 식탁에 엎지르는 것은 몸이 피곤하거나 배가 고프거나 아니면 다른 형제들에게 질투가 나는 등 나름의 이유가 있다. 이럴 때는 아이에게 소리를 지

르는 대신, 아이가 아마도 목표로 하고 있었을 '관심'을 보여주려고 노력한다. 그리고 일단 아이가 한 행동이 잘못된 것임을 알려준 다음에는 어떤 불편한 일이 있는지, 무슨 문제가 있는지를 반드시 물어본다. 나의 아이들은 잘못을 하고 나면 가끔 울기 시작하는데, 나는 그 자체를 자신이 하지 말아야 할 일을 했다는 사실을 이미 알고 있다는 신호로 받아들인다.

이 모든 이야기를 하면서 다시금 느끼는 것은, 부모 역시 모두 자신의 한계가 있다는 점이다. 때때로 나의 아이들은 도저히 내가 받아들이기 힘든 행동이나 심지어 너무나 위험한 일을 할 때가 있다. 그때는 당연히 물리적으로 아이들을 그 상황에서 꺼내와야 한다. 이런 일이 생기면 아이들에게 왜 아빠가 물리적인 힘을 가해서라도 아이들을 지켜야 했는지에 대해서 설명하고 지금 어떤 일이 일어난 건지에 대해서 아이들 스스로 설명할 수 있는 기회를 준다. 내가 절대로 하지 않으려고 하는 것은 아이들을 격리시키고 아이들이 내가 원하는 일을 할 때만 함께 하고 지켜준다는 신호를 보내지 않는 것이다. 가장 중요한 메시지는, 언제나 그렇듯이, 아이들이 아빠가 좋아하는 일을 하지 않을 때조차도 나는 늘 그들을 사랑한다는 사실이다.

Debbie

보통 아이들이 있는 엄마는 목소리가 변한다는 이야기들을 한다. 그 이유는 아이들에게 소리를 자꾸 지르다 보니 목이 쉬는 일이 잦아서 그렇다는 말일 것이다. 결혼하기 전 청량한 목소리를 가졌던 아가씨와 총각은 아줌마와 아저씨로 변해가는데 아이들에게 소리까지 지르다 보니 목소리도 권위적이고 거칠게 변해간다는 이야기다. 마쿠스도 고백했듯이, 아이들을 키우고 가정 생활을 하면서 어찌 소리 지르고 싶은 순간이 없을까. 다만 그것을 자신만의 방법으로, 복식호흡을 해가며 철저히 조절하며 살아가는 것뿐이다. 그것이 어른이 되었다는 증거이기 때문이다. 소리 지르지 않고, 물리적으로 때리지 않고, 정서적으로 고통을 가하지 않고 키우는 것은 이제 '당연한 일'로 받아들이는 시대가 되었다고, 이 부분에서만큼은 견고하게 말하고 싶다. 세상에 우리가 호통을 쳐도 되는 사람은 한 명도 없다. 그건 아이들도 역시 동등하게 적용되는 얘기다. 우리는 다만 잘못되었다고 생각하는 부분을 아이에게 설명하고 대화할 수 있을 뿐이다. 또 아이들에게 소리를 지르고 '타임 아웃'을 선포하며 방에 격리시키는 일은 아이에게 평생 낫기 어려운 상처를 남길 수 있다. 그 빈도가 잦다면 그건 두말할 나위 없이 마쿠스의 말대로 불안과 우울장애를 평생 앓게 할 수도 있다. 사람에게 기억으로 남는 장면은 그 경험을 하는 순간 '감정'이 동반될 때에만 관련 신경계가 두꺼워지면서 '기억(emotional memory)'으로 남게 된다고 한다. 그것이 행복한 감정을 주었던 기억이라면 더할 나위 없이 좋지만, 그렇지 않은 부정적인 감정을 겪었을 때 남는 기억은 평생 사람을 괴롭게 만들기도 한다. 나와 함께 교육을 받았던 한 아시아계 영국인은 그야말로 이력이 화려한 사람이었다. 세계에서 가장 손에 꼽히는 좋은 학교와 직장, 그리고 직급이 줄지어 있는 인생을 살았고 전 세계를 누비며 사는 사람이었다. 하지만 어린 시절 부모님의 기준에 미치지 못하는 성적을 받았다는 이유로 어두운 다락방에 갇혀서 가족들과 격리되어 혼자 며칠 동안 밥을 먹어야 했던 그 기억을 떠올리면서 그녀는 주체할 수 없는 눈물을 내 앞에서 흘린 적이 있다. 그 상황에서 그녀가 느꼈을 정서가 나에게도 깊게 느껴져서 함께 눈물을 흘렸던 기억이 있다. 그만큼 어떠한 사회적 성공을 이루었더라도 어린 시절의 아픔은 잘 지워지지가 않는 것이다.

북유럽에서는 아이들에게 체벌을 금지하는 법이 1970~1980년대에 이미 법제화되었다고 한다. '사랑의 매'라는 단어는 오래 전부터 존재하지 않는 것이다. 꼭 신체적인 체벌이 아니더라도 아이에게 소리를 지르거나 정서적인 체벌을 가하는 것도 이와 같은 효과를 가진다는 것쯤은 우리도 모두 알고 있으리라 생각한다. 내가 아이들에게 소리를 지르거나 체벌을 하는 대신 사용하는 방법은 바로 마쿠스가 '타임인'이라고 표현한 '대화'이다. 나의 아이들은 이제 사춘기에 들어설 만큼 꽤 자랐지만, 돌아보면 내가 소리를 지르거나 때려야 할 만큼 아이들이 대단히 잘못한 일은 사실 거의 없었다. 그리고 아이들이 내 '말을 잘 듣기 위해서' 태어난 것이 아니라 스스로의 생각도 가지고 있다는 것을 인정한다면 내 마음대로 되지 않는 것에 대해 지나치게 화를 낼 필요도 없었다. 독단적인 아이로 자라게 해서는 안 되지만, '말을 잘 듣는' — 우리가 보통 그렇게 표현하는 — 아이로 자라면 세상에 나가서 정말 '말을 잘 듣는' 그냥 그렇고 그런 중간치의 인재밖에 되지 않는다. 게다가 '엄마의 말'이 늘 옳은 것도 아니라는 사실을 나도 엄마가 되고 보니 알게 되었다. 어쩌면 나의 잘못된 지시도 따르는 아이가 될지 모르니 항상 건설적인 대화가 선행되어야 하는 것을 느낀다. 세상을 앞서 살아간 분들의 말에 경청할 줄 알면서도 자신의 생각을 접목할 줄 아는 사람이 되게끔 격려해주는 것이 내가 아이들에게 해 주고 싶은 일이다. 마쿠스의 말대로 아이들은 이미 잘못을 저지르는 순간 자신이 잘못을 했다는 사실을 알고 있으며, 말을 알아듣지 못하는 동물이 아니라서 충분히 대화로 설명하고 설득할 수 있다. 이 사실은 아이를 키운다면 서서히 알게 되는 자연스러운 일이다. 물론 너무 이렇게만 키우면 조금 부작용이 있기는 한데, 화를 내는 것이 아니라 약간 낮고 위엄 있는 단호한 목소리만 내어도 아이들은 엄마가 화를 낸다고 느끼면서 울기 시작하는 것이다. 그럴 때면 나는 갑자기 애교 섞인 목소리로 바꿔서 아이를 부르는데, 그러면 아이는 울다가 이내 배꼽을 잡으며 웃음을 터뜨리고 만다. 나는 아이들에게 살면서는 누군가 자신에게 화를 내는 일도 겪을 수 있다고 경고를 하는데, 아이는 이런 말을 했다.

"네, 엄마 저 이미 당해본 적 있어요. 그런데 그때 느낌은 말이에요. 정말 불쾌해요. 기분이 너무 좋지 않았어요."

그러면 화를 내고 싶고, 소리를 지르고 싶은 감정을 어떻게 조절하며 아이들을 대할 수 있을까. 예전에 가사일을 잠시 도와주시던 분은 나에게 이런 말을 하셨다.

"아니, 어떻게 그렇게 아이들이 하는 모든 행동을 참으며 살 수 있나요? 그러면 병 생겨요. 가끔 화도 내고 소리도 좀 지르고 해야지…."

그분은 내가 지나치게 감정을 자제하며 산다고 생각하신 모양이다. 그런데 화를 내면 낼수록 나의 감정도, 아이들의 감정도 상하기만 하고 건강에도 그리 도움이 되지 못하며 원하는 목표를 얻기도 어렵다는 사실을 이미 여러 번 겪어서 알기 때문에 나는 되도록이면 그런 방법은 쓰지 않으려고 한다. 대신 내 안에 쌓인 스트레스를 푸는 나만의 방법은 노래를 하고 피아노를 치는 것이다. 아이들을 키우고 일을 하며 지치고 힘든 와중에서도 일주일에 한 번은 꼭 그런 적극적인 예술 활동과 몸을 쓰는 일을 통해서 쌓인 것들을 날려버리려고 노력했다. 그래서 나는 육아에 힘들어하는 후배들에게 예술이나 스포츠, 혹은 자기만의 독특한 취미 하나를 삶에 끼고 가는 것이 큰 도움이 된다고 조언해주곤 한다. 때로는 꼭 아이들이 잘못해서가 아니라 내 자신의 스트레스나 힘든 감정을 조절하지 못해서 소리를 지르거나 화를 내게 되는 경우도 있으니, 어떤 상황에서도 아이들이 그런 일의 희생자가 되지 않도록 말이다.

북유럽 사람들과 동료로 혹은 고객과 회사로 일하면서 느낀 것 중 하나는 갈등의 상황에서도 흥분하거나 분노하거나 상대방을 감정적으로 공격하는 방식으로 대화하는 일이 별로 일어나지 않는다는 점이었다. 사회에서도 가정에서 그렇듯이 권력을 가진 자와 그렇지 못한 자로 나뉜다. 보통은 권력을 가진 자, 즉 상사나 고객 등이 권력을 가지지 못한 상대방에게 소리를 치거나 공격을 하는데 북유럽에서는 이런 일이 잘 일어나지 않는다. 북유럽 사람들과 이에 대한 이야기를 나눈 적이 있는데, 북유럽 각국에서 모인 동료들과의 회식 자리에서 누군가가 이런 이야기를 꺼낸 적이 있다. 우리나라 기업의 한 상사가 부하 직원에서 소리를 지르고 모멸감을 주는 말을 거침없이 했던 일이 국제 뉴스에 났던 사건에 관한 것이었다. 과연 한국에서는 정말 그런 일이 일어날 수 있는지 모두가 궁금해했다. 나는 그것에 대해 설명하느라 한참 동안 진땀을 빼야 했다. 사실 뉴스에 드러나는 것은 작은 부분일 뿐 그런 일은 삶의 곳곳에서 계속 일어나고 있다. 아이에게도 소리치거나 모멸감을 느끼게 하는 일은 하지 말아야 하고 어른에게도 마찬가지로 그러하다. 아이들을 포함한 모든 인간은 대화를 통해서 어느 정도 자신이 목표로 하는 결과를 만들어낼 수가 있으니 내가 세상에서 야단칠 수 있거나, 소리칠 수 있거나, 공박할 수 있는 상대는 아무도 없다고 생각하며 살면 아주 간단하다. 미국의 작가이자 라디오 진행자인 셀레스트 헤들리(Celeste Headlee)는 21세기에 가져야 할 가장 중요한 능력이자 인류가 가장 간과하고 있는 교육은 '대화'하는 능력이라고 했다. 그녀는 모든 사람에게 배울 만한 점이 있고, 깜짝 놀랄 만큼의 전문성이 있음을 인지하고 경청한다면 사람의 감정을 다치지 않게 말할 수 있는 능력을 가질 수 있게 된다고 설명한다. 그런데 그것은 아이들을 대할 때도 마찬가지라는 것을 나는 가끔 뼛속까지 느낀다. 나는 아이들과의 대화가 TV 토크쇼나 드라마보다 재미있어서 엄마는 TV를 별로 안 봐도 인생이 즐겁다는 말을 종종 할 만큼 아이들에게는 배울 점이 많다. 아이들의 한계 없는 상상력과 아이디어를 들으면서 나는 마음을 더 열게 되고, 새로운 세대의 생각, 요즘 유행하는 그들의 라이프스타일에 대해 배운다. 지금은 직접 하는 대화보다 문자로 하는 소통이 더 많은 시대이지만, 눈을 바라보고 목소리를 느끼는 대화가 사라지지 않도록 늘 노력한다.

나는 아이와 힘겨루기를 하는 일은 부질없다고 생각해서 되도록 하지 않으려고 한다. 아일랜드 트리니티 대학의 이안 로버트슨(Ian Robertson) 교수의 연구결과에 따르면, 사람이 권력을 가지게 되면 뇌의 구조가 변해 공감 능력을 잃고 목표에만 돌진하며 자신의 길만이 옳다는 착각에 빠지기 쉽다고 한다. 가정에서도 마찬가지여서 나는 아이들에게 권력이나 권위를 내세우는 엄마이고 싶지 않고 다만 사랑을 많이 가진 엄마이고 싶다. '타임 인'이라고 표현한 대화의 교육에서 내가 가장 중요하게 생각하는 것 또한 마쿠스와 마찬가지로 언제, 어느 상황에서도 엄마, 아빠는 아이들을 사랑한다는 그 무조건적인 사랑(unconditional love)을 보여주는 것이다. 자꾸 사회적 성취를 강요하며 조건을 단 사랑을 하게 되는 순간 신뢰는 무너져내리기 때문이다. 오늘도 나는 아이들에게 이렇게 말한다. 어쩌면 나 스스로에게 다시 한 번 다짐하는 말이기도 하다.

"무슨 일이 있어도, 언제나 사랑한단다(No matter what. I love you)."

아이들은 가끔 나에게 조건을 단 질문을 하기도 한다. 만약 나와 자신이 똑같이 불치병에 걸렸는데 한 명을 살릴 수 있다면 누구를 살

리겠느냐는 그런 질문이다. "당연히 우리 아이들이지"라고 말하면, 아이는 놀라면서 "와… 엄마는 저를 그만큼이나 사랑하는 거예요? 엄마 목숨을 버릴 수 있을 만큼?"이라고 말한다. 아이는 그렇게 큰 사랑을 받고 있다는 사실을 확인하면서 다시 한 번 안정감을 가진다.

아이들에게 소리를 지르느라 목소리가 변해가는 것을 두려워하는 부모들이 있다면, 목소리 전문가 줄리안 트레저(Julian Treasure)의 '좋은 목소리를 가지는 비법 7가지'를 소개해주고 싶다. 그것은 바로 대화에서 '험담하기, 비판하기, 부정적인 말, 불평하는 말, 변명하기, 과장하기, 독단주의'를 모두 빼는 것이다. 아이와의 대화에서 이 7가지를 빼는 것은 어른과의 대화에서보다 훨씬 더 중요하다. 어른들에게는 그것들을 걸러낼 수 있는 능력이 있지만 아이들에게는 아직 그런 능력이 없어 평생 부정적인 정서의 기억을 남겨줄 수도 있기 때문이다. 목소리란 테크닉으로 길러지는 것이 아니라 말하는 내용으로 만들어지는 것이다. 그리고 '무슨 일이 있어도, 언제나 사랑한단다'라는 말과 함께 아이들을 매일 껴안아 준다면 당신의 목소리는 늘 마쉬멜로우처럼 아름답고 포근할 수 있을 것이다.

'좋은 부모'를 만나지 않았어도 '좋은 사람'이 되는 것은 철이 들고 나면 스스로 선택할 수 있는 부분이다. 아니, 성인이 되면 그 이전 유년시절의 경험이 어찌되었든 자신의 인생에 책임을 지는 사람이 되는 것이 원칙이기도 하다. 『테러리스트의 아들 : 선택의 스토리』의 저자이자 평화 운동가인 자크 이브라힘(Zak Ebrahim)의 이야기는 그런 면에서 큰 울림을 준다. 그는 역사적으로 많은 희생자를 만들어낸 테러리스트를 아버지로 두었지만, 그것과는 완전히 반대로 평화운동가가 되었고, 세상에는 폭력과 증오보다 더 나은 선택이 있다는 것을 알리는 작가로 살아가고 있다. 부전자전(父傳子傳)이라는 말이 완전히 잘못되었음을, 옳은 선택을 할 수 있는 기회가 있음을, 그는 세상에 알렸다. 그런데 아버지로부터 편견과 파괴를 배웠던 그가 전혀 상반되는 선한 세계관을 갖게 된 계기는 바로 그에게 아버지 역할을 해준 한 사람의 멘토를 만난 덕분이라고 그는 말한다. 영화감독 디야 칸(Deeyah Khan)의 이야기 역시 아버지의 역할이 얼마나 중요한지를 또 한 번 알려준다. 그녀는 유죄 판결을 받은 테러리스트들을 2년간 지속적으로 인터뷰해서 그들이 그 세계에 발을 딛게 된 이유를 밝혀 영화로 만든 용감한 아랍계 여류 영화감독이다. 그녀는 인터뷰를 하면서 정말 놀라운 사실을 알게 되는데, 그것은 다름 아닌 악마가 들어있을 것이라고 생각했던 테러리스트들 안에서 상처 난 어린 영혼을 발견한 것이었다. 인터뷰를 했던 사람들은 하나같이 아버지가 없는 가정에서 자랐거나 폭력적인 아버지 아래에서 자라난, 즉 모두 '타임 아웃'의 아픔을 지속적으로 겪었던 사람들이었다. 가정에서 거부당하고 폭력을 당했던 아이들이 극단주의 집단에서 환영을 받으며 아버지의 품을 느끼고, 스스로 폭력을 행사함으로써 폭력을 당할 때의 감정을 잊고 극복하게 된다는 것이다. 이 빈 공간을 잘 알고 있는 극단주의 집단은 이것을 이용해서 손짓하고 있는 것이다. 그래서 이런 가정환경을 가진 아이들이 쉽게 범죄나 극단주의 집단에 유혹된다고 그녀는 설명하고 있다. 이쯤 되면 마쿠스가 말하는 '타임 인'이 얼마나 중요한 것인지 알 수 있다. 어릴 때 사랑을 온전하게 받지 못하고 사랑을 마치 구멍 난 치즈처럼 받으면 그 구멍을 메우기 위해 우리가 떠올려볼 수 있는 몇몇 나쁜 것들이 침투하게 된다. 이 구멍을 자크 이브라힘처럼 사랑과 이해, 평화로 메우면 오히려 더 위대한 일을 하는 사람이 되는 것이다. 하지만 안타까운 것은 그렇게 되는 사람들의 비율이 여전히 높지 않고, 그 상태에 이르기까지는 그들의 고백처럼 정말 오랜 시간이 걸리며, 진정한 아버지의 역할을 하는 누군가를 만날 때 그런 전환이 이루어질 가능성이 크다는 사실이다. 꼭 극단적인 상황은 아니더라도 우리는 가끔 SNS에서, 뉴스의 댓글에서, 직장과 가정에서 종종 그 상처 난 영혼들을 본다. 마쿠스의 이야기를 들으면 북유럽에도 예외 없이 상처 난 영혼들이 보인다고 한다. 이 이야기를 통해 우리는 아버지됨(fathership)이 단순히 아이와 우리를 조금 더 행복하게 만드는 정도에서 그치는 것이 아니라 전 인류에까지 엄청난 영향을 미치는 대단한 것이라는 사실을 알 수 있다. 아이의 눈높이에 맞춰 눈을 맞추고, 친구가 되어주고, 스스로 정의하는 삶을 선택하게끔 존중하고, 부모나 가족의 명예보다 아이의 삶을 더 우선시하며 안정된 소속감을 주는 '타임 인'의 방법은 정말 중요하다. 나는 그동안 여러 사람들을 만났고 리더가 된 사람들도 많이 보았는데, 가끔 몇몇 사람들에게서 구멍이 뚫려 사랑이 채워지지 못한 그들의 어린 시절을 보게 될 때가 있다. 나의 미국인 친구 중에는 20년을 심리치료사로, 또 다른 20년을 CEO 코칭으로 커리어를 쌓은 분이 있는데, 어느 날 나에게 자신의 커리어 40년을 통틀어서 깨달은 것이 있다며 그것을 단 한 문장으로 요약해 들려주었다.

"우리의 영혼은 사랑을 달라고 외치고 있다(Our soul is screaming for love)."

강력한 한 문장이었다. 가족, 친구와의 사랑을 다시 한 번 되새겨 보는 크리스마스는 그래서 더 의미가 깊다.

드디어,
드디어 크리스마스!

Markus

12월 24일, 크리스마스 이브가 찾아오면, 아이들은 이제 더 이상 못 기다리겠다는 듯한 모습을 보인다. 이제 별로 할 일도 남아있지 않아 오직 아침부터 오후 내내 저녁이 오는 것을 기다리는 것뿐이다. 쿠키는 모두 만들어졌고, 선물은 모두 크리스마스 트리 아래에 얌전히 놓여있으며, 아빠와 엄마는 이제 며칠간 휴가이니, 이제 우리에게 남은 것은 '휘게'의 시간을 온전히 누리는 것뿐이다. 전통적인 크리스마스 만찬을 준비하는 것은 상당히 시간이 걸리는 일이라서 많은 부모들이 이른 오후부터 부엌에서 시간을 보내야 한다. 크리스마스 저녁 식사가 시작되는 날에는 가족들이 조금 일찍 모이기 때문에 아이들은 늘 부모가 아니어도 놀아줄 사람이 생기고 TV에서는 이 마지막 몇 시간을 위한 크리스마스 스페셜 프로그램이 방영된다.

모든 가족들이 다 각자의 방법과 순서를 가진 전통에 따라 식사를 한다. 이를테면 나의 가족은 우유와 시나몬, 설탕, 그리고 버터를 넣어 만든 쌀 푸딩인 'Risengrød'를 첫 음식으로 먹는다. 이렇게 달콤

한 디저트를 먼저 먹는 게 조금 이상하게 보일 수도 있는데, 어떤 가족들은 이것을 디저트로 먹기도 한다. 하지만 아주 옛날 전통을 따르자면 이건 첫 번째로 먹는 음식이다. 왜냐하면 가난했던 옛날에는 쌀로 만든 푸딩을 먼저 먹은 뒤에 귀한 고기를 먹는 방식으로 고기를 아낄 수 있게끔 했기 때문이다. 우리 가족이 먹는 음식들은 덴마크의 왕실 가족들이 먹는 음식과 별로 차이가 없는데, 그건 우리가 왕실처럼 먹는다는 것이 아니라, 왕실이나 평민이나 같은 음식을 먹는다는 뜻이다. 이날 먹는 메뉴는 200년도 넘게 거슬러 올라가는 전통적인 음식들이다.

이 쌀 푸딩은 언제 먹든지, 서빙을 하기 전에 반드시 푸딩 안에 통아몬드 한 알을 넣어 숨겨야 한다. 이 아몬드를 얻게 되는 사람은 선물을 받는데, 보통 덴마크에서 '크리스마스 마지팬(jule marcipan)'이라고 불리는 돼지 모양의 마지팬[4]이나 초콜릿 박스 같은 것을 선물로 받는다. 만약 자신의 푸딩에 아몬드가 있더라도 바로 그 사실을 알려서는 안 된다. 사람들은 서로를 쳐다보면서 누가 과연 아몬드를 가졌을지 궁금해하며 장난기 어린 미소를 짓는데, 아이들은 그 시간을 언제나 즐거워한다. 아이들은 테이블 주변을 돌아다니며 한 사람 한 사람 얼굴을 쳐다보면서 과연 누구 입 속에 아몬드가 들어있는지 관찰한다. 어떤 부모들은 약간의 속임수를 써서 아이들이 전부 아몬드를 가질 수 있게 하기도 하고, 아예 아이들의 푸딩에 아몬드를 미리 넣어두는 일까지 하기도 하지만, 이렇게 하면 재미는 좀 떨어지게 된다. 아몬드를 차지한 사람을 발표하는 순간, 모든 사람들은 환호를 지르고 즐거움은 절정에 이르게 된다.

다음 순서로는 큰 축제의 시간이 기다리고 있다. 로스트 돼지 요리나 오리, 혹은 거위 요리가 등장한다. 나의 가족은 전통적인 방법을 따르는 편이라 거위나 오리를 요리하는데, 상상을 초월하게 맛있는 요리들이지만 잘못해서 너무 익히면 쉽게 건조해지기 때문에 촉촉함을 유지할 수 있게 최적의 상태로 요리를 하는 것이 중요하다. 그리고 함께 나오는 사이드 요리들은 언제나 같은데, 두 종류의 감자와 그레이비[5], 삶은 붉은 양배추나 신선한 양배추 샐러드 등이다. 이 저녁 식사는 너무 오래 걸리지 않도록 하는 편인데, 그 이유는 아이들이 너무나 크리스마스 트리 옆으로 가고 싶어하기 때문이다.

식사를 마치면 일단 우리는 손을 잡고 덴마크의 전통적인 노래를 부르면서 크리스마스 트리를 중심으로 둥글게 돌며 춤을 춘다. 마지막 노래는 언제나 〈크리스마스가 다시 왔어요(Nu er det jul igen〉라는 노래인데, 점점 더 빠르게 부르면서 빙빙 돌다가 결국 온 가족이 크리

4 아몬드 반죽과 설탕, 달걀 흰자로 만든 말랑말랑한 과자로, 주로 특별한 날에 먹는다.
5 소고기나 오리고기 등을 먹을 때 곁들이는 소스이다. 고기를 철판에 구울 때 생기는 육즙과 와인, 우유, 녹말 등을 넣어 만든다.

스마스 트리에서부터 흩어져 방과 거실 등 온 집안을 돌아다니며 손을 잡고 춤을 추면서 노래를 부른다.

노래 부르기가 끝나면 모든 가족들은 다시 크리스마스 트리 앞으로 모인다. 가족 중에 가장 어린 아이가 처음으로 선물을 골라서 자기가 가장 마음에 드는 사람에게 가져다 주고 그 선물을 개봉할 때 모두가 호기심 가득한 얼굴로 그 순간을 함께 한다. 그 다음으로 어린 아이가 두 번째로 선물을 골라서 또 다른 사람에게 가져다 주는 식으로 계속 선물을 열어보고, 드디어 아이들이 자신의 선물을 열어보면 그 선물을 가지고 놀이를 시작한다. 이건 꽤 시간이 걸리는 일인데 그동안 부모들은 트리 옆에 앉아서 커피를 마시거나 크리스마스 쿠키를 먹는다. 이 시간은 내가 일 년 중 가장 기다리고 좋아하는 시간인데, 나의 아이들 또한 가장 사랑하는 시간이라고 말한다.

Debbie

크리스마스의 만찬을 나누는 이 시간은 일 년의 시간 중 가장 하이라이트가 아닐까 한다. 그만큼 모두가 오랫동안 기다리고 준비해온 시간이다. 덴마크에는 '궁중 요리'라는 것이 없다고 한다. 왕실이나 평민 모두 같은 메뉴의 음식을 먹고, 똑같이 크리스마스 노래를 부르며 함께 손을 잡고 춤을 추고, 빙빙 돌며 가족의 사랑을 나눈다. 마쿠스가 소개한 것들 외에 한 가지 더 소개하고 싶은 '파케라이(pakkeleg)'라고 부르는 크리스마스 게임이 있다. 이건 사실 크리스마스가 아니라 어느 파티에서 해도 재미있고 즐거운 분위기를 만들 수 있는 게임이다. 일단 크리스마스 파티에 초대된 사람들은 모두 비싸지 않은 선물을 하나씩 가지고 온다. 저렴해도 부피를 부풀리거나 무게감 있는 선물을 준비해서 재미를 더하는 트릭을 쓰기도 한다. 먼저 가져온 선물을 테이블 중간에 쌓아놓고 한 명씩 차례로 두 개의 주사위를 던진다. 보통은 두 개 주사위의 합이 6이 나오면 선물을 하나씩 가져가기로 하는데, 두 개의 주사위에 같은 숫자가 나오면 선물을 가져가는 것으로 정해도 되고, 그건 그때마다 정하기 나름이다. 이런 방식으로 모두 하나씩의 선물을 갖고 다음은 두 번째 라운드인데, 시간을 5분이면 5분으로 정한 다음 다시 두 개의 주사위를 한 명씩 던져서 이번에는 주사위에 같은 숫자(혹은 더해서 6)가 나온 사람이 다른 사람의 선물을 빼앗기 시작한다. 이때부터 재미있는 일이 벌어진다. 의도적으로 누구의 선물을 빼앗아 내 것으로 만들 것인지 즐겁게 눈치를 보기도 하고, 제일 그럴싸해 보이고 비싸 보이는 선물이 연신 왔다 갔다 하기도 한다. 어떤 사람은 여러 개의 선물이 앞에 쌓이기도 하는데, 어떤 사람은 다 뺏겨서 선물을 하나도 가지지 못해 울상을 지은 채 앉아있기도 한다. 왠지 우리 인생과도 닮았다. 그러면 여기에서 또 한 번의 감동적인 재미가 일어난다. 선물을 하나도 받지 못한 사람에게 많이 가진 사람들이 자신의 선물을 나누어주는 것이다. 그러면 슬퍼했던 사람들이 다시 웃기 시작하고 분위기는 다시 화기애애해진다. 새로운 선물이 모두의 앞에 공평하게 놓이면 이제는 골고루 하나씩 다시 돌아간 선물을 열어보는 차례이다. 그러면 또 한 번의 폭소가 터진다. 비쌀 거라고 생각했던 커다란 선물이 알고 보면 저렴한 과자 한 봉지라든가, 너무 작아서 인기가 없었던 선물이 알고 보니 제일 값이 나가는 액세서리라든가, 포장지가 너무 고급스럽거나 아름답게 포장되어 있어서 인기가 많았던 선물이 알고 보니 집에서 쓰는 휴지라든가, 또는 탄성을 자아내는 누군가가 만든 어떤 예술품 등등 선물을 뜯어보는 그 시간에 즐거운 반전 스토리가 넘쳐난다. 그리고 아무것도 가지지 못한 사람에게 자신의 선물을 나누어줄 때의 기쁨을 체험하는 것과 함께 그 어떤 것도 겉 모습으로 판단할 수 없다는 작지만 심오한 교훈을 누가 가르치거나 설교하지 않아도 게임을 통해서 저절로 알게 된다. 그리고 삶은 우리에게 선물로 왔다는 사실을 기억하며, 예상치 않게 나에게 찾아온 그날의 선물과 함께 큰 기쁨을 누리며 크리스마스를 보낸다.

Risengrød

겨울의 음식

쌀 푸딩

덴마크의 크리스마스 축제 요리

쌀 180g
물 300ml
우유 1L

소금 1/4작은술
계피 설탕
(설탕 4큰술, 계피가루 2큰술)

토핑으로 쓸
버터 한 조각

❶ 물과 쌀을 큰 냄비에 넣고 끓인다. 몇 분간 끓으면 우유를 붓는다.

❷ 약 10분 정도 냄비를 저으면서 끓인다.

❸ 뚜껑을 닫고 불을 약하게 줄인 다음 25분 정도 더 끓여서 졸인다.

❹ 푸딩은 몇 분에 한 번씩은 저어주어야 한다.

❺ 설탕과 계피 가루를 섞은 계피 설탕과 버터 한 조각을 푸딩과 함께 서빙한다.

Tips

만약 남은 푸딩이 있다면 다음 날 계란과 약간의 설탕을 넣어서 섞은 뒤 팬 위에 굽는다. 이건 'klatkager'라고 불리는 음식으로 잼을 곁들여서 먹는다.

Roast Duck
with Christmas
Stuffing

겨울의 음식

크리스마스로 채운 구운 오리

덴마크의 크리스마스 축제 요리

이건 크리스마스 저녁 식사의 메인 요리이기 때문에 최대한 질 좋은 오리를 구해야 한다. 덴마크에서는 보통 그레이비나 링곤베리 잼을 곁들여 내는데 다른 소스를 곁들여도 괜찮다.

오리 고기(2~3kg)
사과 2개
양파 2개
건자두 1컵
소금, 후추 약간

❶ 오븐을 140도에 맞춰놓는다.
❷ 오리는 깨끗이 씻어서 손질하고 소금과 후추로 안팎을 잘 문지른다.
❸ 양파와 사과는 껍질을 벗겨서 1/4조각으로 자른다.
❹ 양파, 사과, 자두를 프라이팬에 5분 정도 볶는다.
❺ 볶은 과일들을 식힌 후 오리 안에 채운다.
❻ 오리를 베이킹 트레이에 놓고 4시간 반에서 5시간 정도 익힌다.
❼ 껍질이 황금색을 띄고 바삭해지면 완성된 것이다. 10분 정도 식힌 후에 잘라서 서빙한다.

Rødkål Salat

겨울의 음식

적양배추 샐러드

덴마크의 크리스마스 축제 요리

이 샐러드는 겨울 동안 내가 최소한 서너 번은 만드는 음식이다. 크리스마스에는 적양배추를 삶아서 먹는 것이 전통이지만, 우리는 적양배추 샐러드를 만들어 먹는다. 신선한 과일과 채소를 먹을 수 있고 사실 삶은 적양배추보다 더 맛있다. 오렌지와 적양배추는 겨울철에 신선하고, 특히 비타민이 더 많이 필요한 이 어둡고 추운 겨울에 충분한 비타민을 제공해준다.

적양배추 1/2개
오렌지 2개
호두 1/2컵
꿀 2큰술
레몬주스 1큰술
머스터드 1큰술
오일 2큰술
설탕 1큰술
소금, 후추 약간
파슬리

❶ 프라이팬에 호두를 넣고 몇 분간 볶는다.
❷ 꿀을 넣어서 호두를 코팅한 후에 꺼내서 식힌다.
❸ 양배추를 얇게 썰어서 준비해둔다.
❹ 오렌지 껍질은 0.5cm 두께로 동그랗게 썬다.
❺ 큰 볼에 레몬주스, 머스타드, 소금과 후추, 그리고 오일을 넣고 섞는다.
❻ 모든 재료를 섞은 후 약간의 파슬리로 마지막을 장식한다.

THE 10 COMMANDMENTS OF THE SCANDI DADDY

스칸디대디 10계명

1. **Let the children play by their own rules.**
   아이들 스스로의 규칙을 따라 놀게 한다.

2. **Never correct their imagination.**
   아이들이 마음껏 상상할 수 있게 자유를 준다.

3. **Trust your kids and show them that they can trust you.**
   아이들을 전적으로 신뢰하고, 아이들도 아빠를 신뢰할 수 있다는 것을 보여준다.

4. **Don't just be a father, be a friend.**
   그냥 아빠가 되지 말고 친구가 된다.

5. **Goof around every day.**
   매일 아이들과 장난을 치며 노는 것을 잊지 않는다.

6. **Don't tell your kids what they are, but what they can be.**
   아이들에게 지금 '무엇인지'가 아닌, 앞으로 '무엇이 될 수 있는지'에 대해 말한다.

7. **Don't be overprotective.**
   지나치게 과잉보호 하지 않는다.

8. **Go outside and do some dangerous stuff together.**
   야외 활동을 즐기고 약간 위험한 일들을 함께 한다.

9. **Get down on your knee and look them in the eye Explain 'why' when they do something bad.**
   잘못한 일이 있을 때는 아이의 눈높이에 맞게 자세를 낮추고 눈을 쳐다보며 이유를 설명한다.

10. **Be honest and try not to shout.**
    항상 정직하고 소리를 지르지 않도록 최대한 노력한다.

EPILOGUE

Markus

한국에 오기 전까지만 해도 나는 스스로 스칸디대디라고는 전혀 느끼지 않았다. 왜냐하면 코펜하겐에 있을 때는 대부분의 아빠들이 하는 것과 비슷한 일을 하고 있을 뿐 그것에 대해 별다른 생각을 해본 적이 없었기 때문이다. 하지만 한국에 온 이후 아이들과 관련된 것들이나 부모의 역할을 하는 것에 있어서 나의 자라온 배경과 문화가 얼마나 나에게 큰 영향을 미쳤는지를 강하게 느끼게 되었다.

한국에서의 삶은 정말 멋진 경험이었고 한국에서 사는 것을 정말 사랑한다. 나의 아이들도 역시 한국을 사랑한다. 나는 한 번도 내가 아이들을 행복하고 지혜롭게 키우는 대단한 법칙을 알고 있다고 생각해본 적이 없다. 그리고 한국의 부모들에게 다른 방식으로 아이들을 키워야 한다고 말하고 싶다는 생각도 해본 적이 없다. 내가 아는 것이 있다면 덴마크의 부모들이 아이들을 키우는 데에 있어서 똑같이, 혹은 더 많은 실수를 저지르며 살고 있다는 것뿐이다. 단지 조금 다른 방식으로 말이다.

내가 이 책을 쓰게 된 결정적인 계기는 뭔가를 가르치거나 말하려고 하는 것이 아니라 단지 한국의 부모들이 덴마크와 북유럽의 교육 방식에 대해 궁금해한다는 것을 느꼈기 때문이다. 한국 부모들은 종종 내게 덴마크나 양성평등, 혹은 그곳의 육아에 대한 질문을 했다. 이런 면에 있어서 한국 사람들보다 더 열정적으로 뭔가 새로운 것을 배우고자 하는 사람들은 내 평생 만나본 적이 없다. 이건 정말이지 엄청난 능력이고, 전 세계 사람들이 배울 만한 점이라고 생각한다. 그리고 이 시점에서 한국인들이 조금 다른 라이프스타일에 대한 호기심을 갖는 것은 넓은 의미에서 '영혼이 담긴 탐색'이라는 생각도 들었다. 한국인들은 이 떠들썩하고 소란스러웠던 정치와 경제의 시대를 보내며 전통적인 시스템 밖에서 새로운 답을 찾고 싶은 마음이 드는지도 모른다. 한국의 어떤 정치인들은 고용 시장과 복지 시스템을 다시 재정비하는 데에 있어서 스칸디나비아의 모델에서 영감을 찾으려고도 한다.

한국에서 일어나는 모든 질문들의 답을 스칸디나비아에서 바로 찾을 수 있다고 말하는 것은 아니다. 스칸디나비아도 그들 나름대로의 전환기를 거치는 중이고 해결해야 하는 문제들이 산적해있는, 고민이 많은 나라들이다. 한국의 정치인들이 우리의 공교육 시스템이나 노인복지시설 등을 배우기 위해서 덴마크로 여행을 가는 반면, 덴마크의 정치인들은 한국의 혁신적인 산업 허브 시설이나 우수한 대학의 시스템을 배우기 위해 한국으로 여행을 간다. 이렇게 나는 우리가 서로에게 배울 수 있기를 바란다. 그리고 이 책을 모두 읽고 아이들과 몇 가지의 활동들을 실제로 해보기를 바란다. 그건 스칸디나비아의 부모들이 육아에 대해 어떻게 생각하는지를 조금은 배울 수 있게 할 것이고, 세상을 바라보는 관점에 대해 약간은 색다른 도전을 제공해줄 것이라 믿는다. 아이들이든 어른들이든, 새로운 것에 도전하는 것은 언제나 좋은 일이다. 이것이 바로 우리가 성장하는 방법이기 때문이다.

Debbie

마르쿠스와 함께 이 책을 쓰는 동안 나는 진심으로 행복했다. 글을 쓰는 시간 자체가 휘겔리한 느낌을 가져다 주었고 그 시간을 흠뻑 즐기고자 했다. 그래서 독자들도 그랬으면 하는 작은 소망이 생긴다. 글을 쓰는 틈틈이 그의 레시피대로 요리를 해서 가족들과 즐거운 시간을 가졌다. 아이들이 놀라면서 "어머나, 아니 이렇게 매일 북유럽 요리를?"하고 말해도 "응, 이건 지금 엄마의 일이라서"라고 말하면 온 가족이 응원을 해주며 맛있게 먹었다. 어느 순간에도 재치와 즐거움을 부여하려 노력하는 아빠 마르쿠스의 모습은 생각만 해도 입가에 미소가 지어진다. 나와 마르쿠스는 이 땅에 행복한 추억을 갖고 자라나는 아이들이 더 많아지기를 함께 소망했고, 호흡이 척척 맞는 스포츠의 혼합 복식조처럼 의견과 글을 주고받으며 관련된 뉴스를 함께 분석했으며, 한국의 가정과 일터, 사회가 좀 더 행복해질 수 있도록 돕기 위해 추가할 수 있는 내용은 없을지 함께 고민했다. 책을 쓰는 의도와 목적이 같았기 때문에 우리는 함께 순항할 수 있었다. 프롤로그에서 마르쿠스가 이야기한 대로 이 책은 그의 경험과 나의 경험에서 나오는 스토리를 사람들과 나누고자 하는 마음에서 비롯된 것이고, 통계나 리서치에 근거한 학문적인 육아법을 제시하려 한 것은 아니다. 우리가 실제로 북유럽의 교육철학을 염두에 두고 각자의 방법으로 실행해본 것들을 독자들과 휘게의 시간을 보내듯 도란도란 따뜻하게 공유하고 싶었던, 마르쿠스와 나의 영혼이 담긴 스토리이다. 그리고 우리는 아이들을 사랑하는 마음만 가득할 뿐 아직도 서툰 아빠, 엄마라서 여전히 그리 완벽한 가이드라고 볼 수는 없다. 나는 가끔 나의 아이들이 '엄마'라고 부를 때면 이렇게 허물이 많은 사람을 그렇게 불러주다니 고맙기도 하고 놀랍기도 하다. 북유럽을 바라보는 시선도 각자의 렌즈에 따라서 모두 다를 수 있으니 미국의 시인 랄프 왈도 에머슨(Ralph Waldo Emerson)의 말을 빌리자면 '사람은 자신이 보려고 마음 먹은 부분만 본다'고 표현할 수 있을 테지만, 그래도 마쿠스와 나의 시선이 일치하는 부분이 많은 걸 보면, 믿을 만한 구석이 꽤 있다고 보아도 되지 않을까.

한 사회를 집단으로 바라보는 것보다는 그 집단 안에 존재하는 개인을 만날 때 그 사회를 더 깊이 이해할 수 있게 된다. 물론 마쿠스 한 사람이 스칸디대디의 모든 것을 대변할 수 있는 것은 아니라서, 이 책에 나온 것과 다른 성향을 가진 북유럽 사람이나 덴마크의 아빠를 만나게 되는 것도 당연한 일이니 혹시 그런 일이 생긴다고 해서 너무 놀라지는 않기를 바란다. 나도 늘 좋은 북유럽 사람만 만난 것은 아니지만 늘 좋은 것만 기억하려고 한다. 나쁜 것에 대한 경험을 빨리 잊는 것이야말로 행복으로 가는 지름길이라는 사실을 이제는 알기 때문이다. 북유럽이 행복할 수 있는 이유나 그에 대한 객관적인 비판들 혹은 양육에 대한 비판도 충분히 존재하고 있지만, 그건 논문이나 신문의 몫이기에 여기서는 다루지 않았다. 내가 조금은 악역을 자처하며 우리 자신에 대한 비판을 한 구석이 더러 있으니 독자들의 양해를 구한다. 우리가 북유럽이라는 동네에 주목하는 이유는 이제 한국이 모든 면에서 상당한 궤도에 올라서 아무리 지도를 펴놓고 보아도 배울 만한 나라가 많이 남아있지 않기 때문이라는 전문가들의 이야기도 있는데 나도 깊이 공감한다. 다만 행복성장률이 경제성장률과 비례해서 높아지지 못했고, 그 빠른 성장을 하는 동안에 잊었던, 잃어버렸던 것들이 조금 있어서 우리가 얼마나 행복한지 잘 깨닫고 있지 못하는 것뿐이다.

이 책에서는 갑자기 세금을 많이 내서 복지를 이루자고 하는 이야기도, 고급 북유럽 가구를 들여놓아야 한다는 이야기도, 혹은 당장 내일부터 5시에 퇴근하자는 이야기를 하는 것도 아니다. 북유럽이라고 해서 무조건 좋다는 입장은 더더욱 아니다. 환경은 하루 아침에 바꿀 수 없고 오랜 시간이 걸리지만, 마음가짐을 '좋은 부모'로 바꾸는 것은 얼마든지 할 수 있다. 이상주의를 말하는 것이 아니라 우리가 실제로 할 수 있는 것들을 말하고자 하는 것이다. 나와 함께 매년 평가의 시간을 가졌던 덴마크 동료는 나의 인사 고과 항목 몇 가지에 '마이너스'를 표시해서 주곤 했는데 늘 이런 말을 덧붙였다.

"이건 진짜 마이너스라서가 아니라 순전히 전략적인 마이너스예요. 알죠? 올해는 이 항목에 중점적으로 집중을 해서 교육과 성장을 일으켜보자는 의도가 담겨 있는 표시에 불과하니까 그렇게 읽으면 돼요."

그렇게 전략적으로 매년 다른 항목에 마이너스 표시를 해둠으로써 그 해에 배우면 좋을 만한 관련 교육 프로그램을 찾곤 했다. 이 책을 쓰는 나의 마음 또한 그렇다. 우리의 교육과 양육이 마이너스 상태에 있어서가 아니라 전략적으로 이 부분에 교육과 좀 더 나은 성장을 일으키기 위해 하나의 샘플을 보여주는 일이다. "우리가 잘 하고 있지만, 더 잘 하지 못하라는 법은 없지요"라고 말했던 나의 또 다른 덴마크 친구의 말처럼, 마쿠스와 내가 하고자 하는 일은 모든 독자들의 가정에, 우리의 아이들이 자라서 살아갈 일터와 세상에 행복 한 스푼을 더하는 것에 있다.

이 책을 보고 혹시 나와는 너무 동떨어진 세상의 이야기 같아 '아, 덴마크 남자와 결혼했어야 했나?' 혹은 '이런 아빠가 되어야 한다니 절대 우리의 현실에서는 불가능한 일이야'라고 체념하는 사람이 없기를 바란다. 기억하는가? 긍정 변화는 우리에게 주어진 것에 감사하는 것에서부터 시작된다. '세상에 나쁜 날씨란 존재하지 않는다. 오직 잘못된 패션이 있을 뿐.' 그리고 우리도 충분히 할 수 있다고 믿는 '인식'에서부터 가능성이 생긴다. 지구의 양쪽을 계속 오가며 느낀 차이점 중에 하나는, 북유럽에서는 당연하다거나 가능하다고 믿는 것을 한국에서는 가능하지 않다거나 어렵다 혹은 무척 오래 걸릴 거라고 다소 비관적으로 말하는 것에 있었다. 덴마크에서 대히트를 기록했던 디자인 상품 하나가 있는데 그건 '홉티미스트(Hoptimist))'라는 이름이 붙은 용수철 인형이다. 희망(Hope)과 긍정주의자(Optimist)라는 단어의 조합으로 탄생한, '희망긍정주의자'라는 이름의 인형인데, 머리는 민머리이고 몸통은 용수철로 되어있는 작은 고철 인형이다. 사무실에 두고 있다가 가끔 일이 잘 안 풀리거나 상처 받는 일 또는 스트레스를 받는 일이 있을 때 이 아이의 민머리를 퉁 치면 용수철이 다시 튀어 올라 '넌 다시 할 수 있어'라고 외치듯 용기를 준다. 책을 쓰면서도 나는 여러 번 저 아이를 퉁 치곤 했다. 어찌나 선풍적인 인기였는지, 덴마크에 갈 때마다 이 선물을 받아서 다양한 크기와 색깔의 홉티미스트가 집 곳곳에 진열되어 있을 정도이다. 그들이 매일 휘게스러운 인생을 살고 있는 듯 착각을 일으키지만 실은 화나고 스트레스 받는 일들도 분명히 있는 것이다. 세계 어디나 기본적으로 삶에 일어나는 일들은 하나도 다르지 않고 똑같으니 말이다. 다만 그것에 어떻게 반응하는가 하는 것이 다를 뿐이다. 나는 오늘도 북유럽의 친구들에게서 삶의 여러 어려운 이야기들을 듣는다. 취업이 잘 안 되어서 힘들다거나, 청소년들의 우울증 문제가 심각하다거나, 일과 육아를 병행하는 것도 힘이 드는데 치매에 걸린 노모도 돌보아야 하는 삼중고 등 우리가 가진 고민과 똑같은 문제를 말이다. 세계 어디나 삶은 그리 녹록하지 않지만 우리는 여전히 홉티미스트가 되기를 애쓰며 살아가고 있는 것이다.

덴마크를 비롯한 북유럽이 전반적으로 세계행복지수를 비롯, 양성평등지수, 환경성과지수, 반부정부패지수, 글로벌 평화지수, 글로벌 창의성지수, 긍정정서지수 등에서 항상 상위권을 차지하고 복지환경, 근무환경, 영어구사 능력, 국민소득, 일과 삶의 균형에 이르기까지 모두 높은 수준을 보여주니 어떻게 이런 '엄친아'가 있을 수 있나 하는 생각을 할 수도 있다. 그런데 알고 보면 아버지는 빛을 주지 않았고, 어머니는 따뜻함을 주지 않은 어둡고 차가운 가정에 태어난 아이와도 같다고 비유를 해본다면 어떨까. 그것을 탓하고 머물러 있는 것이 아니라 긍정적으로 변화시키려는 생각과 노력, 행동, 휘게라는 문화적 극복 의지를 담은 정서 등이 오랜 시간에 걸쳐 누적되어 이런 결과를 만들어냈을 것이다. 그리고 이런 이상적인 상태에 다다르게 만든 비밀은 마쿠스도 고백했듯이 바로 그들의 생각의 방향, '정신세계'에 있다는 것을, 더불어 그것은 아주 어릴 때부터 시작되는 그들의 양육 방법과도 밀접한 관계가 있다는 사실을 나는 천천히 지켜보며 알게 되었다.

책을 쓰는 내내 나는 과연 이 책을 쓸 자격이 있는 것일까 한편으로는 몇 번이나 고뇌에 빠지기도 했다. 하지만 내가 아이들에게 해주고 싶은 것 한 가지는, '행복한 정서'가 느껴지는 그 추억을 만들어주는 것이고, 어떤 상황에서도 긍정적인 생각을 선택할 수 있기를 바라는 것이다. 그리고 자신이 진정으로 하고 싶은 일은 무엇인지 마음의 소리에 귀를 기울이고 세상에 도움이 되는 가치를 창출할 때 행복이 찾아온다는 것을 아이들이 알았으면 한다. 그것은 남에게 보여지는 행복이 아니라 진정으로 충만하게 내면으로 꽉 차는 행복일 것이다. 그렇게 해서 소득까지 올리며 살아갈 수 있다면 상상 이상의 성공을 거둔 것이다. 지혜를 갖추되 겸손하며, 이타적인 비전을 이루어가는 가장 완성된 인간의 모습에 가까이 다가가기를 바란다. 갑과 을이 서로 존중하는 산업현장, 상사와 부하직원이 서로 격려하는 일터, 엄마 아빠의 역할에 차이가 느껴지지 않는 아늑하고 따뜻한 가정, 그 안에서 사람은 행복을 느끼게 되니 그런 세상을 천천히 만들어가기를 또한 바란다. 그리고 엄마, 아빠는 아이들에게 어떤 일이 일어나든지 돌아올 수 있는 안식처가 되어 줄 수 있었으면 한다.

사실 '휘게 육아'라는 단어는 덴마크에도 존재하지 않지만 우리에게는 어떤 단어든 지어낼 수 있는 작은 특권이 있다. 마쿠스와 내가 이야기하고자 했던 휘게 육아의 가장 중요한 부분은, '평화를 추구하는 인재로 아이를 키우는' 엄마, 아빠가 되는 것에 있다는 것을 눈치챘으리라 생각한다. 아이들이 진정한 자기 자신으로 살아갈 수 있는 용기와 정직, 그리고 함께 살아가고 있는 주변 사람들에 대한 감사의 마음과 어떤 난관이든 헤쳐나가는 회복탄력성을 가진 사람으로 자라주기를 간절히 바라는 마음과 함께 말이다. 그럴 때 세상은 조금 더 나아질 수 있으리라 믿는다. 지금까지 '휘게', '북유럽' 혹은 '덴마크'라는 다른 문화에서 주로 영감을 얻었다면 이제는 자신의 문화를 창조할 시간이다. 나는 '세상에 긍정적인 변화를 만들어내고 평화를 추구하며 서로의 꿈을 응원하면서 아름다운 삶을 만들어가기를 애쓰는' 사람들이 모이는 커뮤니티를 운영하고 있기도 한데, 이런 삶의 태도와 문화에는 어떤 우리말을 붙이면 좋을까 구상 중이다. '휘게'가 글로벌 트렌드 키워드에 선정된 것처럼 우리나라에서도 언젠가 전 세계에 영향력을 끼칠 문화적 단어 하나가 탄생하기를 기대한다. 이 책을 읽고 조금 더 행복해지는 가정이 될 수 있다면, 더 많이 웃을 수 있다면, 나의 소망도 다 이루어지는 셈이다.

Hygge Parenting, Happy Parenting!

휘게육아

스칸디대디의 사계절

초판 인쇄 2017년 6월 23일
초판 발행 2017년 7월 3일

지은이 마쿠스 번슨(Markus Bernsen), 이정민(Debbie Lee)
펴낸이 김희연
펴낸곳 에이엠스토리(amStory)

책임편집 김승윤
편집 정지혜, 허윤선
번역 이정민(Debbie Lee)
사진 이눅희
홍보·마케팅 ㈜에이엠피알(amPR)
디자인 studio 213ho
인쇄 ㈜상지사P&B

출판 신고 2010년 1월 29일 제2011-000018호
주소 (100-042) 서울특별시 중구 소파로 129(남산동 2가, 명지빌딩 신관 701호)
전화 (02) 779-6319
팩스 (02) 779-6317
전자우편 amstory11@naver.com
홈페이지 www.amstory.co.kr
ISBN 979-11-85469-09-6 (03590)